饮食
百科

水 果

饮食百科编委会　编著

中国大百科全书出版社

图书在版编目（CIP）数据

饮食百科．水果 / 饮食百科编委会编著．-- 北京：中国大百科全书出版社，2025. 1. -- ISBN 978-7-5202-1811-5

Ⅰ．TS2-49

中国国家版本馆 CIP 数据核字第 20248EY166 号

总　策　划：刘　杭　郭继艳
策划编辑：张会芳
责任编辑：刘翠翠
责任校对：邵桄炜
责任印制：王亚青
出版发行：中国大百科全书出版社有限公司
地　　址：北京市西城区阜成门北大街 17 号
邮政编码：100037
电　　话：010-88390811
网　　址：http://www.ecph.com.cn
印　　刷：唐山富达印务有限公司
开　　本：710mm×1000mm　1/16
印　　张：10
字　　数：100 千字
版　　次：2025 年 1 月第 1 版
印　　次：2025 年 1 月第 1 次印刷
书　　号：ISBN 978-7-5202-1811-5
定　　价：48.00 元

—— 总 序

这是一套面向大众、根植于《中国大百科全书》第三版（以下简称百科三版）的百科通俗读物。

百科全书是概要记述人类一切门类知识或某一门类知识的完备的工具书。它的主要作用是供人们随时查检需要的知识和事实资料，还具有扩大读者知识视野和帮助人们系统求知的教育作用，常被誉为"没有围墙的大学"。简而言之，它是回答问题的书，是扩展知识的书。

中国大百科全书出版社从1978年起，陆续编纂出版了《中国大百科全书》第一版、第二版和第三版。这是我国科学文化建设的一项重要基础性、标志性、创新性工程，是在百年未有之大变局和中华民族伟大复兴全局的大背景下，提升我国文化软实力、提高中华文化国际影响力的一项重要举措，具有重大的现实意义和深远的历史意义。

百科三版的编纂工作经国务院立项，得到国家各有关部门、全国科学文化研究机构、学术团体、高等院校的大力支持，专家、学者5万余人参与编纂，代表了各学科最高的专业水平。专家、作者和编辑人员殚精竭虑，按照习近平总书记的要求，努力将百科三版建设成有中国特色、有国际影响力的权威知识宝库。截至2023年底，百科三版通过网站（www.zgbk.com）发布了50余万个网络版条目，并陆续出版了一批纸质版学科卷百科全书，将中国的百科全书事业推向了一个新的高度。

重文修武，耕读传家，是我们中国人悠久的文化传承。作为出版人，我们以传播科学文化知识为己任，希望通过出版更多优秀的出版物来落实总书记的要求——推动文化繁荣、建设中华民族现代文明，努力建设中国式现代化强国。

为了更好地向大众普及科学文化知识，我们从《中国大百科全书》第三版中选取一些条目，通过"人居环境""科学通识""地球知识""工艺美术""动物百科""植物百科""渔猎文明""交通百科"等主题结集成册，精心策划了这套大众版图书。其中每一个主题包含不同数量的分册，不仅保持条目的科学性、知识性、准确性、严谨性，而且具备趣味性、可读性，语言风格和内容深度上更适合非专业读者，希望读者在领略丰富多彩的各领域知识之时，也能了解到书中展示的科学的知识体系。

衷心希望广大读者喜爱这套丛书，并敬请对书中不足之处给予批评指正！

《中国大百科全书》编辑部

"饮食百科"丛书序

　　食物是人类赖以生存和社会赖以发展的首要条件。由农业提供的食物大致可分为植物性食物和动物性食物两大类。植物性食物包括谷物、薯类、豆类、水果、蔬菜、植物油、食糖等；动物性食物包括家畜的肉和奶、家禽的肉和蛋以及鱼类和其他水产品等。按各种食物在膳食结构中的比重和用途，食物还可分为主食和副食以及调味品、零食等。主食和副食在世界不同的地方有不同的含义。在中国大部分地区，主食主要指谷物和薯类，通称粮食；而水果、蔬菜以至肉、奶、蛋等动物性食物则被归入副食一类。

　　人的营养需要，靠摄取不同种类的食物得到满足。谷物中碳水化合物占较大比重（63% ～ 75%），是热量的主要来源；肉、奶、蛋富含蛋白质，来自家畜、家禽和水产品，是目前人类所消费的蛋白质的主要来源；蔬菜和水果是维生素和矿物质的主要来源。零食含有一定的能量和营养素，可以给人们带来一定的精神享受，也可满足特殊人群对某些营养素的需求。调味品能提升菜品味道，增进食欲，满足消费者的感官需要。维生素是一类维持生物正常生命现象所必需的小分子有机物，人与动物体内或者不能合成维生素，或者合成量不足，必须由外界供给。食品添加剂通常不作为食品消费，不是食品的典型成分，也不包括污染物或者为提高食品营养价值而加入食品中的物质，但正确使用食品添加剂对提高食品感官质量和营养价值、防止食品变质、延长食品保存期等具有一定作用。

为便于读者全面地了解各类食物，编委会依托《中国大百科全书》第三版作物学、园艺学、畜牧学、渔业、食品科学与工程、化学等学科内容，组织策划了"饮食百科"丛书，编为《谷物》《水果》《蔬菜》《肉奶蛋》《零食》《调味品》《食品添加剂》《维生素》等分册，图文并茂地介绍了各类食物、食品添加剂和维生素等。因受篇幅限制，仅收录了相对常见的类型及种类。

希望这套丛书能够让读者更多地了解和认识各类食物、食品添加剂和维生素，起到传播饮食科学知识的作用。

饮食百科丛书编委会

目 录

第1章　常绿果树　1

常绿草本果树 1

香蕉 1

菠萝 9

草莓 15

常绿藤本果树 22

西番莲 22

常绿灌木果树 26

火龙果 26

常绿乔木果树 28

柑橘 28

波罗蜜 41

龙眼 44

杧果 51

枇杷 58

荔枝 64

山楂 71

杨桃 77

椰子 81

杨梅 84

第2章　落叶果树　93

落叶藤本果树 93

葡萄 93

落叶灌木果树 102

蓝莓 102

无花果 104

落叶乔木果树 106

苹果 106

梨 120

杏 134

桃 135

李 137

樱桃 139

石榴 140

柿 143

桑葚 149

常绿果树

常绿草本果树

香　蕉

　　香蕉是芭蕉科芭蕉属植物，别称甘蕉，是典型的热带、南亚热带果树。世界上有130多个国家栽培香蕉，其中印度、中国、菲律宾、厄瓜多尔、巴西和哥斯达黎加6个国家栽培最多。一些非洲国家以香蕉为主要食物来源。在中国的主要产地有云南、广西、广东、海南、福建和台湾等地。香蕉果肉软滑，风味佳美，且富含多种营养物质，深受消费者欢迎。

◆ **栽培历史**

　　香蕉（栽培蕉）一般泛指可食用的蕉类植物。栽培蕉在5000～7000年前起源于东南亚和巴布亚新几内亚，先由染色体结构改变后的父、母本杂交产生不育性子代，再通过人工选择这些无籽果实的植株，以营养繁殖获得后代优良单株，最终获得

香蕉

单性结实的栽培种。这些栽培种以吸芽形式在 5 ～ 15 世纪传播到印度洋沿岸地区；16 ～ 19 世纪，葡萄牙人和西班牙人把栽培蕉带往美洲热带地区。非洲雨林深处生长着的上百种煮食蕉，可能是 3000 多年前从南亚或东南亚引种。

中国是香蕉的原产地之一，在云南南部、广西南部、广东中西部及海南有野生蕉林分布，国内外主栽品种矮香蕉即原产于中国华南地区。中国有 3000 多年的香蕉栽培历史。战国时期的《庄子》和屈原的《九歌》中就记载了香蕉茎秆可以用于纺织。汉武帝时期，香蕉已有栽培，据汉代《三辅黄图》记载，武帝元鼎六年（公元前 111）建扶荔宫，"以植所得奇草异木，有甘蕉十二本"。由此可知，中国南方早在公元前100 多年已栽培有香蕉。魏晋时署名稽含的《南方草木状》中记载芭蕉有 3 种，分别为羊角蕉（品种最好，果最小）、牛乳蕉、正方形蕉（品种最差、果最大）。因此，三国魏晋时期香蕉的品种就有所划分。1500 年前，中国的香蕉栽培已达到相当高的水平。另外，印度也是香蕉起源地之一，神话说佛教始祖释迦牟尼（约公元前 6 世纪）吃下香蕉后获得智慧，因此将香蕉尊称为"智慧之果"。由此可知，香蕉在印度的栽培历史至少已有 2600 多年。

通过人类迁徙和人工引种，香蕉已传遍世界。然而，由于其喜温不耐寒，主产地主要分布在南北纬约 22°范围内的热带、亚热带地区。

◆ **种质资源**

香蕉有两个重要的祖先，即尖苞片蕉和长梗蕉。香蕉多数栽培品种是由这两个原始野生蕉种内突变、种内或种间杂交进化而成。根据香蕉的倍性水平分类，可将香蕉分为二倍体、三倍体和四倍体等。绝大多数食用品种是三倍体，其余极少品种是无籽的二倍体和四倍体。

N.W. 西蒙兹于 1955 年提出香蕉植物学性状记分法，将栽培蕉分为 AA、AAA、AB、AAB、ABB、AAAA、AAAB、AABB 等基因型（组）。后来，B. 西拉伊和 N. 乔姆查洛于 1987 年对西蒙兹法进行了修改，增加了 BB、BBB 栽培种。2002 年，R.V. 巴尔马约尔建议将野生的尖苞片蕉和长梗蕉分别定名为 AAw 和 BBw，将栽培的二倍体尖苞片蕉和长梗蕉分别定名 AAcv 和 BBcv，将三倍体尖苞片蕉和长梗蕉分别定名为 AAA 和 BBB。在国际生产贸易上，根据用途常将香蕉作物分为香蕉（banana）和粮蕉（plantain，也常译为大蕉），联合国粮食及农业组织和国际植物遗传资源研究所（IPGRI）通常把香蕉和粮蕉分开，但有些国家并未分开。在中国，香蕉作物常分为香蕉、龙牙蕉、粉蕉、大蕉等。香蕉分类尚未有一个完美的方法，植物学分类主要参照西蒙兹的分类法。

一直以来，世界各香蕉主产国对蕉类种质资源的收集和保存都非常重视，一些国家如巴西、澳大利亚、菲律宾、越南、印度尼西亚等都建立了国家种质圃。一些国际组织机构如国际植物遗传资源研究所和国际香（大）蕉改良网络组织（INIBAP）共同组成了国际生物多样性中心，其工作任务之一是负责全球香蕉种质资源的收集、保存、研究、改良、评价与新品种的推广。国际生物多样性中心建立了香蕉基因组数据中心网站，其子网站之一是香蕉种质资源信息系统，该系统包括世界上大约 60 个香蕉收集机构中的 25 个机构共 4518（含重复）份香蕉种质资源信息；中国在广东省农业科学院果树研究所建立的国家香蕉种质圃（GDAAS）在该系统中注册了 217 份。国际生物多样性中心不仅对蕉类资源进行大田种植保存和离体（组培）保存，还利用液氮对香蕉植株细胞进行超低温保存。

香蕉栽培品种主要是三倍体或多倍体，或者是不育的二倍体，均不结种子，长期以来以无性繁殖方式生存，且以单一品种种植为主，导致栽培品种的遗传多样性损失严重，品质和抗逆性变劣，因此香蕉育种的两大目标为生产性状改良和抗性改良。采用常规杂交育种或生物技术方法或两者相结合的办法已育成大批新品种，但在生产上推广较多的大部分品种是通过无性系选育和杂交等常规手段获得的。古巴热带淀粉作物研究所选育的 SH-3436-9（AAAA）对香蕉黑叶条斑病具有高度抗性，成绩最突出的是 FHIA 品系。研究所采用杂交和选育的方法获得一系列新种质，其中 7 个优质、抗（或耐）病香蕉品种（FHIA-01、FHIA-02、FHIA-03、FHIA-17、FHIA-18、FHIA-23、FHIA-25）在多个国家得到推广。中国大陆主栽培种巴西蕉和桂蕉 6 号通过无性系引进选育而成，中国台湾地区通过香蕉组培变异筛选，选育出抗枯萎病 4 号生理小种（即台蕉 1 号、台蕉 2 号、台蕉 3 号和宝岛蕉）等系列品系。

◆ 形态特征

香蕉是多年生常绿大型草本单子叶植物，植株丛生，从根状茎发出，由叶鞘下部形成假茎，一般植株高度在 2～5 米，假茎多数为浓绿而带黑斑，被白粉，尤以上部为多。叶片长圆形，长 2～2.2 米，宽

60 ～ 70 厘米，先端钝圆，基部近圆形，两侧对称。叶面深绿色，无白粉；叶背浅绿色，被白粉。叶柄短粗，通常长在 30 厘米以下，叶翼显著，张开，边缘褐红色或鲜红色。穗状花序下垂，花序轴密被褐色绒毛，苞片外面紫红色，被白粉，里面深红色，但基部略淡，有光泽，雄花苞片不脱落，每苞片内有花 2 列。花乳白色或略带浅紫色，离生花被片近圆形，全缘，先端有锥状急尖，合生花被片的中间二侧生小裂片，长约为中央裂片的 1/2。一般果穗有 8 ～ 10 梳果，果指 150 ～ 200 个，有的多达 360 个。果指弯曲，略为浅弓形，幼果向上，直立，成熟后逐渐趋于平伸，长 12 ～ 30 厘米，直径 3.4 ～ 3.8 厘米，果棱明显，有 4 ～ 5 棱，先端渐狭，非显著缩小，果柄短，果皮青绿色，在高温下催熟，果皮呈绿色带黄，在低温下催熟，果皮则由青色变为黄色，并且生麻黑点（梅花点）。果肉松软，黄白色，味甜，无种子，香味特浓。

◆ **栽培管理**

香蕉为无性繁殖，传统种苗繁育采取吸芽分株法。随着组织培养技术的不断发展和广泛应用，香蕉组织培养技术迅速发展。由香蕉吸芽茎扩繁的香蕉试管苗具有生长快、病虫害少、高产优质和成熟期一致等优点，逐渐替代了传统的吸芽留苗。

香蕉种植应选择光照充足、排灌条件好、土质疏松、土层深厚、土壤肥沃、避风避寒、地下水位较低的壤土、黏壤或沙壤土。香蕉根群细嫩，对土壤的选择较严，通气不良、结构差的黏重土或排水不良的土壤都极不利于根系的发育，以黏土含量小于 40%、地下水位在 1 米以下的沙壤土，尤其是冲积壤土或腐殖质壤土最为适宜。水田宜选择排水良好的肥沃田地。确定蕉园种植地后，应进行 40 厘米的深耕，翻起底土并晒白。起畦种植应用于平原地区，挖沟种植则应用于干旱坡地。一般高中秆型香蕉及水肥条件好、栽培水平高的地方，宜种植 1500 ~ 1650 株 / 公顷；矮秆型香蕉及肥水较差、栽培管理较粗放的地方，宜种植 1800 ~ 2250 株 / 公顷。

香蕉速生高产，需肥量大且根系浅，对肥料特别敏感，植株的营养状况能迅速地反映在叶片的色泽、大小、厚薄、生长势上，施肥应根据土壤肥力情况而定。施肥要以有机肥为主，化肥为辅；化肥以钾、氮肥为主，配合磷、镁肥。在种植 15 ~ 20 天抽出第一张新叶时开始追肥，以后每隔 5 ~ 7 天追施一次。第一个月以每桶水加 50 克尿素或极淡的腐熟粪水为宜；第二个月视苗势可以逐步加大追肥浓度；植后第三个月，结合水肥适当撒施或穴施少量化肥，但忌重肥或浓肥。花芽分化期是决定果指数、果梳数的时期，需肥量占全年肥量的 60% ~ 70%，应重施肥 2 ~ 3 次，以钾肥、复合肥为主，同时适当增施锰、硫等中微量肥料。

香蕉一般留 8 梳左右，具体看树势强弱而定。尾梳不足 10 厘米以上的要割去。断蕾必须在阳光下蕉蕾干时进行，不能在早上、晚上或阴雨天进行，以防穗轴感病腐烂。断蕾后立即对果梳喷一次 800 倍托布津液或 1000 倍百菌清液，喷药后立即套袋，防止黑斑。用套袋纸捆扎，既可防机械损伤，又可防止病虫害侵袭，提高果实品质。

◆ 贮运与加工

香蕉一年四季都有鲜果采收。采用套袋技术可防病、防虫和防寒，次果较少。香蕉果实饱满度约为 80% 时采收，经过催熟或自然后熟才能食用。香蕉果实充分成熟后容易腐烂和品质劣变。香蕉果实对低温敏感，田间温度或贮运温度过低，香蕉发生冷害，果皮暗褐色，光泽差，严重者果皮变黑褐色，果实不能正常后熟。香蕉采收后应尽快进行清洗和杀菌处理，用塑料袋和纸箱包装后贮运。加工制品主要包括香蕉干燥制品、香蕉焙烤制品、香蕉饮料制品和香蕉罐装制品等。香蕉果皮和果肉均富含多种活性成分，这些活性成分具有抗氧化性、降血糖、抗抑郁和抗肿瘤等功效，因此香蕉果实可作为功能性食品的原料。

◆ 价值

香蕉是国际性大宗水果，是世界贸易第四大农产品，在世界鲜果贸易量中占有很大比重，仅次于柑橘位居第二，被联合国粮食及农业组织认定为第四大粮食经济作物，是全球市场上经济效益显著的水果产品之一。香蕉生长快速，投产年限短，产量高，经济效益好，深受各香蕉生产国及蕉农的重视。中国华南地区香蕉栽培面积也在不断增加，产量也逐步提高，已成为华南地区大宗栽培果树。在良好的栽培条件下，每亩蕉园产蕉量可达 4500 千克，单株最高产蕉量可达 78 千克。在正常管理下，每亩蕉园产蕉量可达 2000 ~ 3000 千克，产值 5000 ~ 10000 元，是蕉农的重要经济来源。

香蕉的营养物质丰富，每 100 克果肉中含碳水化合物 20 克、蛋白质 1.2 克、无机酸 0.7 克、脂肪 0.6 克、粗纤维 0.4 克，还含有维生素和微量元素等人体所需的营养物质。香蕉除直接鲜食外，也可制成各种香蕉制品，如香蕉炸片、香蕉粉、香蕉面、香蕉汁、香蕉酒和香蕉酱等。有些香蕉的花蕾和细嫩的茎心可作为蔬菜食用，幼嫩的吸芽和花蕾也可用作动物饲料。香蕉假茎纤维可用作造纸或纺织材料。香蕉还具有重要的药用价值，其性寒、味甘，有清热润肠和促进肠胃蠕动的作用，但脾虚泄泻者不宜食用。香蕉果实含有丰富的多酚类物质和果胶，有助于抗氧化衰老和预防便秘；含有丰富的钾离子、镁离子和较低的钠离子，可预防高血压；特别是含有色氨酸、褪黑素，具有抗抑郁和安眠的功效。另外，香蕉果柄具有降低血清胆固醇的作用，香蕉皮能治疗皮肤瘙痒症。

◆ 新业态

随着社会经济的发展，一些新的香蕉业态不断涌现，主要有香蕉生态循环农业生产模式、香蕉＋休闲农业模式和香蕉＋互联网模式。香蕉生态循环农业模式主要是在生产中引入生态、绿色理念，同时将副产物全值化利用，如利用香蕉精深加工技术、副产物饲料化与肥料化加工技术，将香蕉废弃物（茎、叶、花、果皮和果轴）制成香蕉加工新产品；利用香蕉秸秆还田部分替代化肥技术，可使香蕉产业实现资源节约、环境友好和可持续发展。香蕉＋休闲农业模式主要是挖掘香蕉生产的生态功能、文化内涵等，把香蕉种植与旅游休闲结合，吸引游客来休闲、体验，使产区变景区、产品变礼品。香蕉＋互联网模式是利用互联网媒介构建香蕉产品流通模式，促进香蕉鲜果的销售，同时结合香蕉加工业（香蕉产品丰富化、附加值提高），可很好地解决香蕉产业中丰产不丰收的问题。这些将传统香蕉种植业与其他行业结合在一起形成的新业态将促进香蕉产业健康发展。

菠　萝

菠萝是凤梨科凤梨属多年生草本植物，又称凤梨、王梨、黄梨。菠萝果实香气诱人，风味独特，而且富含粗纤维、膳食纤维和菠萝蛋白酶，具有肠道保健作用，深受人们喜爱。

◆ 起源

菠萝原产于美洲热带地区，确切起源地域和驯化利用时间尚无定论。大量研究表明，菠萝起源中心位于南美洲的巴西和圭亚那，这些地区发现了多个菠萝野生种。栽培菠萝存在两个多样性的驯化中心。第一个位于圭亚那地盾东部地区。该地区凤梨属物种具备广泛的核和细胞质的多样性，有野生的野凤梨、菠萝（野生）、光凤梨、巴拉圭凤梨和矮凤梨等种类；并发现许多果实大小不一的中间类型，表明该地区可能是果实驯化的第一中心。第二个中心位于亚马孙河上游流域。该地区没有发现野生及中间类型的菠萝，可能是栽培菠萝的多样化中心区域。

◆ 栽培历史

菠萝最早由印第安人群中的图皮 - 瓜拉尼语人驯化、种植。此后，加勒比人视其为极妙的水果（加勒比语 Anana），在南美和加勒比海地区广为栽培。他们带着菠萝向北迁徙到达安的列斯群岛、安第斯山北部及北美洲。1493 年，哥伦布第二次航海探险到达新大陆，在瓜得路普发现了菠萝，海员们被这种风味奇特的果实所吸引，把菠萝当作一种抗维生素 C 缺乏病的食品整株带上船，有时把它作为名贵的礼物馈赠沿途重要客人，并在其非洲殖民地不断介绍和展示这种果实。自从被哥伦布等人发现后，菠萝被引入许多国家。西班牙人于 16 世纪初将菠萝引进菲律宾、夏威夷和关岛。葡萄牙商人从摩鹿加群岛（今马鲁古群岛）将菠萝带入印度及非洲东西部沿岸。法国人在 1602 年前将菠萝种苗输入法属几内亚等地，英国人则在 1637 年将种苗运到马来西亚，荷兰人也从爪哇将种苗运到南非栽种。全球已有 80 多个国家与地区生产菠萝，分布于南北纬 30°以内的地区，尤以南北纬 25°以内为多。

菠萝于明末传入中国。在明崇祯十二年（1639）的《东莞县志》、清康熙二十六年（1687）的《台湾纪略》中，都有关于黄梨的记述。咸丰元年（1851）的《文昌县志》也有关于菠萝的记载，文中称其"甘香无核，叶刮麻作布"。在道光二十八年（1848）吴其濬所著《植物名实图考》中，载有"露兜子产于广东，一名波罗（菠萝在汉语中的早期书写方式）"，又载"在云南别名为打锣锤，顶有丛芽，分生之无不生者"。中国菠萝主产区有广东、海南、广西、云南、福建等地，其中广东栽培面积和产量约占全国的 50% 和 60%。中国菠萝平均单产略高于世界平均水平，但不同地区差别很大。广东的单产远高于世界平均水平，与世界平均单产第五位的墨西哥相当；海南的单产略高于世界平均水平；而其他产区的产量则远远低于世界平均水平。

◆ 形态特征

菠萝株高 0.8～2 米。根为须根，从茎节上的根点长出，好气浅生，多集中在 10～25 厘米土层，细根密生根毛并共生菌根，有利于吸收养分和水分。茎短，直径2～6厘米。叶40～80片，莲座式排列，革质、剑形，长40～90厘米，宽4～7厘米，顶端渐尖，全缘或有锐齿。头状花序，顶生，长

菠萝

6～8厘米，状如松球，基部着生多个总苞片，花序由100～200个小花聚合而成，自基部向顶端螺旋状顺序开放。小花为完全花，无柄，雄蕊6枚，雌蕊1枚，柱头3裂，子房下位、3室。花瓣3片，长椭圆形，端尖，长约2厘米，上部紫红至蓝紫色，下部白色。小花外有一苞片，三角状卵形。萼片3个，宽卵形，肉质，长约1厘米。果实为聚花果，有50～130个小果。聚花果顶部着生一个冠芽，偶见双冠芽或者多冠芽。

◆ **主要类群**

菠萝是凤梨科中最重要的经济作物。凤梨属有七八个种，分为凤梨组和长齿凤梨组。虽然凤梨属植物果实均可食用，但主要用作果树栽培的只有菠萝一种。经过长期选育，全世界已有数百个栽培品种，通常分为无刺卡因类、皇后类、西班牙类、伯南布哥类和佩罗莱拉类5个类群。现有的菠萝栽培种与野生种多为二倍体，少见三倍体和四倍体。体细胞高度杂合，自交不结实，杂交后代存在大量的分离，导致育种效率不高。

◆ **生长习性**

菠萝病虫害少，易行绿色、有机生产，具有节水抗旱抗风等特点。可与甘蔗、香蕉等作物轮作，也可在荔枝、龙眼、橡胶、桉树等林下间种。宜栽气候条件为年平均气温 ≥ 21℃，最冷月（1 月）平均气温 12℃以上，冬季极端最低温度多年平均值 ≥ 2℃，≥ 10℃的年有效积温 6500 ～ 9000℃·日，年降水量 1000 ～ 2000 毫米，年日照时数 ≥ 1600 小时。土壤以土层深厚、透气性好和排水良好的轻黏土、壤土和沙壤土为宜，土壤 pH 以 4.5 ～ 5.5 为佳。

菠萝是景天酸代谢植物（CAM 植物），气孔在晚上打开，黎明时气孔张开达到高峰，日出后关闭，下午 3 点以后再重新打开，因此蒸腾作用小。加上叶片特殊的着生方式与组织结构有利于集水保水，使其具有抗旱和水分高效利用的特性。其水分利用率是 C_3 作物的 4 ～ 19 倍，C_4 作物的 2 ～ 7 倍。种植菠萝可节约水资源，减少地下水的过分抽取。

◆ **栽培管理**

菠萝种植时间一般在 3 ～ 10 月。植前须充分整地，使土地平整，以防积水。坡地须建等高梯田。种苗可用冠芽、裔芽、吸芽、组培苗、叶芽扦插苗等。种苗要求健壮且大小一致，苗高 25 厘米以上，茎粗 2.5 厘米以上为宜。可单行、双行或多行式种植，大行距 65 ～ 80 厘米，小行距 35 ～ 50 厘米，株距 30 ～ 45 厘米，每公顷种植 4 万～ 6 万株。种植需浅而稳。施肥分基肥、攻苗壮株肥、催蕾肥、壮果肥和壮芽肥 5 个关键时期，按照前期勤施、薄施，中期重施，后期补施的原则进行。

施肥方法有撒施、条施、滴灌施肥、施肥枪注施和叶面喷施等。菠萝对水分要求不高，但干旱季节适当灌溉可获高产优质，需水关键时期是植后恢复期、花蕾抽生期和果实发育期。为便于管理和产期调控，常用乙烯利、电石进行催花。催花的植株大小标准为：皇后类品种长度大于 35 厘米的叶（又称标准叶或成年态叶）多达 30 片以上，卡因类品种长度大于 40 厘米的叶达 35 片以上。

菠萝的主要病害为凋萎病、心腐病、黑腐病、黑心病。主要虫害有菠萝粉蚧、蛴螬。广东中部、广西和福建产区冬季需要防寒。

◆ 贮运与加工

菠萝是非呼吸跃变型果实，采后后熟过程不明显。但果实含水量大，可溶性固形物含量高，组织松软，常温下不耐贮运，温度过低易受冷害，适宜在 5 ～ 8℃贮藏。成熟的菠萝果实在 4 ～ 11 月品质最好，但由于缺少保鲜技术，中国菠萝收获的高峰期却是在菠萝品质最差的冬春季节。随着采后处理及贮运技术的完善和冷链物流体系的建设，菠萝生产将朝着周年应市的方向发展。

在商业化生产早期，因没有冷藏运输技术，长距离运输腐烂损失严重，制约了鲜果贸易，菠萝罐头产业应运而生。菠萝罐头能基本保持鲜果的色香味且富含膳食纤维，被誉为"罐头之王"，是全球产量最大、品质最好的水果罐头之一。20 世纪初，都乐（Dole）公司发明了菠萝削皮去心机，促进了菠萝罐头业的机械化、规模化发展。1933年以后，菠萝果汁成为一种主要的副产品开始批量生产。菠萝罐头与浓缩果汁是最主要的菠萝加工产品，传统加工产品还有菠萝蛋白酶、菠萝干、果酱、果脯等。

菠萝罐头生产线

菠萝干

◆ 价值

菠萝果实可鲜食，每 100 克新鲜果肉中含碳水化合物 13.5 克、蛋白质 0.5 克、脂肪 0.1 克、膳食纤维 1.4 克、维生素 C 47.8 毫克、维生素 B_1 0.8 毫克、维生素 B_3 0.5 毫克、维生素 B_6 0.1 毫克、叶酸 18 克、β- 胡萝卜素 35 微克、钾 109 毫克、钙 13 毫克、铜 0.1 毫克、铁 0.3 毫克、锰 0.9 毫克、锌 0.1 毫克。

从叶片中分离出的纤维，经脱胶改性处理，可与棉、毛、蚕丝以及合成纤维混纺，生产具有杀菌除臭功能的高档纺织品。茎或果实加工残渣提取的菠萝蛋白酶可用于食品和医药行业。菠萝叶主要含酚类成分，菠萝叶酚具有抗癌和促进胆固醇降解的功能。

◆ **新业态**

世界菠萝鲜果贸易增长迅速，而品质是鲜果市场竞争的基础。各主产国积极研发高产优质综合栽培技术，建立零农药健康栽培体系。随着速冻、低温真空干燥等技术的完善与应用，速冻菠萝、菠萝脆片等新产品不断涌现，利用菠萝特有香气调味增香的混合果汁、混合罐头也日益增多。

随着综合利用技术的发展，将逐步实现菠萝蛋白酶和叶纤维等的综合加工利用，以及叶渣医药化、能源化、饲料化、肥料化利用。既能减少废弃物环境污染，又能拉长产业链条，增加产业效益。

草　莓

草莓是蔷薇科蔷薇亚科草莓属多年生常绿草本植物，在园艺学分类上属浆果类果树。

草莓营养价值高，含有多种营养物质，且有保健功效。草莓色泽艳丽，浆果芳香多汁，酸甜适口，营养丰富，是果树中上市最早的鲜果，素有"早春第一果"的美称。

◆ **栽培历史**

野生草莓在世界范围内分布较广，欧洲、美洲和亚洲是其3个起源及分布中心。欧洲是野生草莓资源广泛分布及最早种植野生草莓的地区。早在 14 世纪，欧洲人就开始在庭院种植草莓，由于其果实较小，多以观赏为主要目的，兼作食用。16 世纪，欧洲的野生草莓实现了规模化种植，出现关于草莓分类、形态和栽培管理等方面的文献记载。由于当时还没有通过杂交选育大果草莓新品种的意识，到 17 世纪末，主要种植的还是森林草莓和麝香草莓。

现代大果型栽培草莓（八倍体的凤梨草莓）起源于法国，源自两个八倍体野生草莓弗州草莓和智利草莓的杂交后代。弗州草莓于 17 世纪初自北美洲引入欧洲，而智利草莓则由法国人于 1714 年自智利引入法国。智利草莓果大，但当时最初引入的智利草莓全为雌株，不能正常结果，且果实味道不佳。1750 年前后，法国人从二者杂交后代中筛选出了大果凤梨草莓，即现代栽培种，遗传了智利草莓的大果性状，以及弗州草莓的抗寒性强、香味浓郁等优良性状，很快便引种到英国、荷兰等地栽培，并逐渐传播到世界各地。

中国的现代大果型栽培草莓于 20 世纪初自国外引入。中国最早的现代草莓引种时间为 1915 年，是俄国侨民自莫斯科引入黑龙江亮子坡种植的"维多利亚"品种。同时，在上海、河北、山东青岛等地也由传教士陆续引入一些现代栽培品种种植。中华人民共和国成立前，中国草莓仅在大城市市郊零星栽培，未形成规模。中华人民共和国成立后，中国的草莓栽培陆续发展起来，并选育或培育出一些综合性状优良的品种。自 20 世纪 80 年代起，中国草莓生产快速发展，栽培形式出现多样化，经济效益大大提高。在全国范围内，北至黑龙江，南至海南，东至浙江，西至新疆、西藏均有草莓商业化生产。自2007年以来，中国的草莓栽培面积和产量均居世界第一位。草莓产业也成为中国许多地区农村经济中典型的致富项目。但草莓存在连作障碍，实行草莓与其他果树间作、与蔬菜轮作等方式可以解决连作问题，取得较好的经济效益。

◆ **种质资源**

草莓属共25个种，其中14个种原产于中国。中国是草莓三大起源中心之一，野生草莓资源具有多样性。草莓在自然界中倍性分布广，存在二倍体、四倍体、五倍体、六倍体、八倍体等。草莓的基因组研究相比其他物种有一定难度，其原因是栽培草莓为八倍体，4个染色体组分别起源于不同的野生草莓种。已完成二倍体野生种森林草莓的测序，基因大小约240兆碱基对，注释基因34809个。在此基础上，有研究者对八倍体草莓基因组展开研究，但由于杂合度过高，组装难度大，只完成了部分组装。

中国野生草莓资源丰富，主要分布于东北的长白山山区、西北的秦巴山区和天山山脉，以及云贵高原和青藏高原等地区。20世纪80年代，中国着手建立国家草莓资源圃，进行草莓野生资源和品种的引进、鉴定和保存。中国有两个国家草莓资源圃，分别位于北京（北京市林业果树科学研究院）和南京（江苏省农业科学院园艺研究所），各保存草莓品种、资源400余份；吉林省蛟河市草莓研究所（民营）也保存有500多份草莓资源。

◆ **形态特征**

草莓为须根系，在土壤中分布浅，集中分布在 0 ～ 30 厘米土层内。根系生长与土壤的温度、水分、通气、酸碱度等条件有关。一年有 2 次或 3 次生长高峰，一般为 4 ～ 6 月和 9 ～ 10 月。草莓的茎根据形态和功能可分为新茎、根状茎和匍匐茎。新茎为当年萌发或一年生的短缩茎，节间密集，着生叶片。根状茎为多年生短缩茎，叶片已脱落，是营养物质的贮藏器官，也可发生不定根。2 年以上的根状茎会逐步衰老死亡，因此根状茎越老，地上部生长越差。匍匐茎是草莓的主要繁殖器官，促成栽培一般在果实采收后开始发生，露地栽培一般在果实开始成熟时开始发生。匍匐茎的发生能力与品种、长势、日照与温度、低温量等有关。草莓叶为基生三出复叶，具长叶柄，叶柄的基部有 2 片托叶，合成托叶鞘包于新茎上。叶片寿命一般为 80 ～ 130 天。草莓绝大多数为两性花，完全花品种可以自花结实。草莓的花序为有限聚伞花序，通常为二歧聚伞花序和多歧聚伞花序。打破自然休眠后，当平均气温达 10℃以上时开始开花，一朵花可开放 3 ～ 4 天，整个花序的花期为 20 ～ 30 天。开花期低于 0℃或高于 40℃时，会严重阻碍授粉受精过程，产生畸形果。开花期和结果期最低忍耐温度为 5℃。草莓的果实由花托膨大发育而成，从开花到果实成熟一般需要 30 天，果实生长曲线呈典型的 S 形。同一花序上的果实会互相竞争养分和水分，应及时疏除高级花序的花蕾和畸形果。草莓种子实际上是受精后的子房膨大形成的瘦果，附着在膨大花托的表面。种子产生生长素，促进果实膨大。

◆ **主要种类**

草莓品种按果实颜色，主要分为红色和白色两大类；按来源，可分为日系品种、欧美品种和中国国产品种；按花芽分化对日照长度的反应，分为短日草莓、四季草莓和日中性品种。草莓种质资源既可按照"种"来分类，也可按照倍性、起源地、果实颜色进行分类。

中国草莓主栽品种有红颜、甜查理、丰香和章姬等。已育出许多优异的国产品种，如京藏香、京桃香、艳丽等。有一些国家已研发出通过种子繁殖的草莓品种。

草莓

◆ **栽培管理**

草莓具有匍匐茎成苗的习性，因此生产上最常用的育苗方法是匍匐茎繁殖，具有保持品种特性、易繁殖、根系发达、生长迅速等优点。匍匐茎苗当年秋季定植，第二年即可开花结果。为培育壮苗及促进花芽分化，育苗时常采用假植育苗、营养钵育苗等措施。在气温较高的南方地区，为满足其花芽分化所需的环境条件，常采用高山育苗及冷藏育苗等措施。草莓茎尖组织培养育苗繁殖系数高、后代整齐一致，且能脱除母株所携带的病毒，因此在一些地区得到推广。试管苗（脱毒原原种苗）不能直接用于育苗生产，应使用无病毒和病虫害的一代（原种苗）或二代种苗进行育苗。

草莓根系较浅，具有喜光耐阴、喜水怕涝等特点，在种植园地选择时应优先选择地势较高、地面平坦、排灌方便、土质疏松肥沃、通风良好的地块。避免在风口或易遭受寒流霜害的地带建园。草莓栽培方式有露地栽培和设施栽培两种。设施栽培虽需要一定投入，但较露地栽培的果实上市早、产量高、品质好，生产中多采用此种栽培方式。草莓设施栽培可分为日光温室及大、中、小棚栽培等几种形式。根据调控方式的不同，设施栽培又可分为促成栽培和半促成栽培两种，前者草莓果实上市时间最早。生产中应根据不同的栽培方式选择适宜的栽培品种。

草莓虽为多年生草本植物，为保证果实产量和品质，生产中多采用一年一栽。草莓多在秋季定植，采用起垄栽植便于管理及采摘。随着草莓观光采摘园等新生产销售方式的出现，高架栽培等立体栽培方

草莓设施栽培

式逐渐得到推广。在草莓设施栽培中，定植后的温度、光照管理对果实的上市时间、产量和品质至关重要。

为害草莓生产的病虫害较多，常见病害有灰霉病、白粉病、炭疽病、根腐病等，虫害有螨类、蚜虫类、蜡类、粉虱类等。设施生产中的连作重茬会加重草莓病虫害的发生，土壤消毒可有效减轻病虫为害。

◆ **采收与贮藏**

草莓采后的主要问题是机械伤，采摘时用拇指和食指夹住果柄，然后带果柄和花萼轻轻摘下，轻拿轻放，避免机械伤。有条件地使用草莓剪可以较好地保护果实免受伤害，并提高采摘效率。采摘过程中依果实大小进行分级，尽可能减少倒箱次数。

草莓的包装材料主要有纸箱/盒、塑料盒、泡沫托盘、木制托盘等。草莓质地较软，一般采用单包装单层码放的形式。包装底部和果实表面衬垫缓冲材料。草莓冰点为 $-1.0 \sim -0.5℃$，适宜贮藏温度为 $0 \sim 2℃$，视不同品种及含糖量而定，相对湿度保持在 $85\% \sim 95\%$。人工提高二氧化碳浓度可以抑制灰霉病的发生，延长贮藏期。

◆ **价值**

草莓具有较高的营养价值、医疗价值和保健价值。草莓除鲜食外，还可以制成草莓酱、草莓汁、草莓酒等，亦可加工成冻干粉、冻干片、速冻草莓等产品。草莓幼叶和萼片可制作草莓叶茶。草莓浆果营养价值高，素有"水果皇后"的美称。在各种常见水果中，草莓的维生素 C 和钙、磷、铁的含量均较高。每 100 克草莓鲜果中，含磷 41.0 毫克、钙 32.0 毫克、铁 1.1 毫克、维生素 C $50 \sim 120$ 毫克。草莓中含有许多活性物质，具有临床医疗价值。例如，草莓中的鞣花酸是一种天然可食用的抗突变和抗癌成分，能抑制肿瘤的发生；草莓中的草莓胺对治疗白血病和障碍性贫血有较好的疗效。草莓是美容养颜、延年益寿的保健佳品。

◆ **新业态**

草莓种质资源丰富，海拔分布范围广，在中国西藏、新疆等均有分布，具有重要的生态价值。既可作为果园间作物种、公园地被绿化植物，也可庭院栽培观赏，应用前景广泛。2012 年 2 月 18 ～ 22 日，第七届世界草莓大会在北京成功召开，极大促进了中国草莓产业的发展，北京、上海等城市的草莓观光采摘业发展迅速。草莓观光采摘成为市民休闲生活的一种时尚和文化，也是中国现代农业的一大亮点。草莓已成为中国西部地区农民脱贫致富的首选作物。在中国北部山区及云贵高海拔地区，利用夏季冷凉气候特点发展四季草莓生产，实现鲜草莓周年供应，并为糕点产业提供鲜草莓已成为新业态。

常绿藤本果树

西番莲

西番莲是西番莲科西番莲属草质藤本植物，俗称百香果、鸡蛋果、巴西果。

西番莲原产于南美洲的巴西至阿根廷一带，广植于热带和亚热带地区。中国适宜生长区域在福建、广东、海南、广西、云南、贵州、台湾等地。主要有紫果和黄果两大类。

西番莲

◆ **形态特征**

西番莲茎具细条纹，无毛。叶纸质，长6～13厘米，宽8～13厘米，基部楔形或心形，掌状3深裂，中间裂片卵形，两侧裂片卵状长圆形，裂片边缘有内弯腺尖细锯齿，近裂片缺弯的基部有1～2个杯状小腺体，无毛。聚伞花序退化仅存1花，与卷须对生。花芳香，直径约4厘米，花梗长4～4.5厘米。苞片绿色，宽卵形或菱形，长1～1.2厘米，边缘有不规则细锯齿。萼片5枚，外面绿色，内面绿白色，长2.5～3厘米，外面顶端具一角状附属器。花瓣5枚，与萼片等长。外副花冠裂片4～5轮，外2轮裂片丝状，约与花瓣近等长，基部淡绿色，中部紫色，顶部白色，内3轮裂片窄三角形，长约2毫米；内副花冠非褶状，顶端全缘或为不规则撕裂状，高1～1.2毫米。花盘膜质，高约4毫米。雌雄蕊柄长1～1.2厘米。雄蕊5枚，花丝分离，基部合生，长5～6毫米，扁平；花药长圆形，长5～6毫米，淡黄绿色。子房倒卵球形，长约8毫米，被短柔毛；花柱3枚，扁棒状，柱头肾形。浆果卵球形，直径 3 ～ 4 厘米, 无毛, 熟时紫色、黄色。种子多数, 卵形, 长 5 ～ 6 毫米。花期 4 ～ 10 月, 果期 7 ～ 12 月。

西番莲的花

西番莲的果实

◆ **生长习性**

西番莲为喜温、喜光、喜湿润气候的亚热带果树, 适合在背风向阳的平地或缓坡地、有水源、排灌方便、土层 50 厘米以上、土壤疏松透气、有机质含量高、土壤 pH 5.5 ～ 6.5、交通便捷的地方种植。最适宜的生长温度为 25 ～ 32℃, -2℃时植株严重受害, 年平均气温 18℃

以上的地区适宜露地种植。

◆ **栽培管理**

西番莲的繁殖方式包括种子繁殖、扦插繁殖、嫁接繁殖、组培繁殖。种植西番莲，要求种植带宽、穴大、表土充足、根圈大、架高和密度合理。

西番莲为攀缘植物，必须搭架栽培。架式主要有棚架、篱壁架、门架、垂帘式和 T 形架。平地水田要高畦种植，以防积水。可用镀锌管、水泥柱或竹子等搭水平棚架，柱高约 2.0 米，以塑钢线或尼龙线成方格搭架。

西番莲养护管理包括土壤管理、施肥、整枝修剪和病虫害防治等措施。①土壤管理。种植当年要勤松土除草，保持土壤湿润而不积水。②施肥。生长量大，周年都在开花结果，属高需肥果树。施肥应以有机肥为主，配合复合肥，结合微量元素肥。③整枝修剪。幼苗定植成活后留 1 条主蔓上架，抹去过多侧芽。主蔓上架后打顶摘心，留 4 ～ 6 条侧蔓，并分布均匀，及时绑缚。④病虫害防治。病害主要有花叶病、根腐病、茎基腐病、炭疽病等。抗病性中等。要保

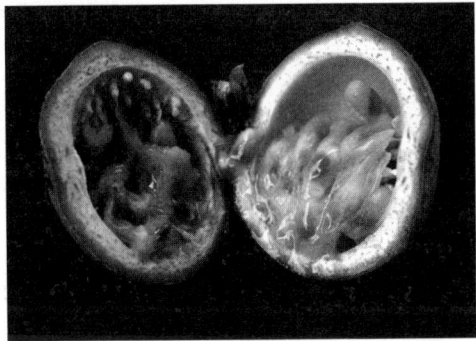

西番莲的种子

持田间湿润度，做好排水工作，尤其是低洼地果园，以防止土壤过湿积水诱发病害。远离瓜类和茄果类蔬菜，冬季用石硫合剂等清园处理，及时清除烧毁病枝病叶。

◆ **价值**

西番莲的果汁色、香、味、营养极佳，富含人体必需的17种氨基酸及多种维生素、微量元素等，适合生产果汁、果冻、果露、果酱等产品，具有消除疲劳、提神醒酒、降脂降压、消炎祛斑、护肤养颜等功效。果可生食或制作果汁，有"果汁之王"的美称。果瓤多汁液，可制成芳香可口的饮料，还可添加在其他饮料中以提高饮料的品质。种子榨油，可供食用和制皂、制油漆等。花大而美丽，没有香味，可作庭园观赏植物。入药具有兴奋、强壮之效。

常绿灌木果树

火龙果

火龙果是仙人掌科量天尺属和蛇鞭柱属多年生攀缘性多肉草本植物，又称红龙果、仙蜜果、青龙果、黄龙果、长寿果、吉祥果等。

火龙果原产于美洲热带雨林地区，属典型的热带植物。20世纪90年代初引入中国台湾，后传入海南、广东、广西等地栽培。

火龙果植株

◆ **形态特征**

火龙果的茎一般为绿色，粗壮，茎的内部是大量饱含黏稠液体的薄壁细胞，有利于在雨季吸收尽可能多的水分。叶片退化成刺，光合作用功能由茎承担。植株无明显主根，侧根主要分布在浅表土层，茎易生长气生根，可攀缘生长。茎木质部有很强的不定根形成能力，扦插极易成活。花为虫媒花，在 20：00 前后渐渐打开，1：00～2：00 完全展开，直径达到最大，之后开始逐渐闭合，至 9：00 左右花完全凋谢。花长 20～30 厘米，直径 15～25 厘米，重可达 500 克，故又称"霸王花"。花托和萼筒被披针形萼片。花瓣披针形至倒披针形，白色、红色或粉红色。雄蕊多而细长，花药乳黄色，花丝白色。花柱粗，雌蕊柱头裂片 20～30 枚。果实椭圆形或圆球形，果皮红色、黄色或绿色，具叶状萼片或针状细刺。果肉白色、红色、

火龙果

粉红色或双色等。果肉中有很多芝麻状种子，黑色，倒卵形，种子较小。

◆ 生长习性

火龙果喜光、耐高温（40～50℃）、忌水淹，怕低温霜冻。最适宜生长温度为 25～35℃；8～15℃时火龙果遭受冷害，嫩枝上出现橘黄色霜风斑；0～8℃时火龙果遭受寒害，一年生枝蔓会出现黄色霜冻斑点；低于 0℃时火龙果幼嫩枝蔓遭受冻害，枝蔓组织因脱水而结冰，会导致植株死亡。北方种植火龙果必须用温室大棚，夏季可不揭掉塑料膜，但必须通风。适宜在土层疏松肥厚、排水良好、呈微酸性（pH 5.5～7.5）的沙壤土中生长。

火龙果的花期主要集中在5～11月，果实成熟期为6～12月，分10～18批成熟。当果皮由绿色变为红色或黄色时即可采收，采收时用果剪贴紧枝蔓由果梗部位剪下并附带部分茎肉。

◆ **价值**

火龙果花可以鲜食、煲汤和做茶。果实清甜多汁，富含葡萄糖、有机酸、氨基酸、维生素、矿质元素及一般植物少有的植物性白蛋白、水溶性膳食纤维和甜菜素等，有清热解毒、润肺通肠、减肥、降低血糖等功效，有助于增强人体免疫力。

常绿乔木果树

柑 橘

柑橘是芸香科柑橘亚科下6个属的常绿果树。恩格勒－施文格分类系统将柑橘分为亚洲系统的柑橘属、金柑属和枳属，以及澳洲系统的澳沙檬属、多蕊橘属和澳指檬属。通常栽培的品种均属于亚洲系统的3个属。

◆ **起源**

对柑橘原产地，早期学者意见并不统一。瑞士植物学家 A.P.de 康多尔认为柑橘原产于中国，美国园艺学家 W.T. 斯温格尔则认为柑橘原产于东南亚、澳大利亚、新西兰一带，也有学者认为柑橘原产于印度。中国云南、四川、湖南、广西等地20世纪均发现有成片的野生柑橘林。其中，在湖南道县发现的道县野橘被认为是柑橘亚属的野生祖先。中国西部高原特别是云贵高原既有柑橘类的原生植物，如在云南南部海拔 800 ～ 2000 米山区发现红河大翼橙百年老树，也有宜昌橙和香橙的野生种，还有野生柚、枸橼、檬檬，以及近缘属的枳和金柑等。经过考证，公认原产于中国的柑橘植物有宽皮柑橘区中的柑组和橘组，金柑、枸橼和宜昌橙等；公认中国为原产地之一的柑橘种类有柚、甜橙、酸橙等。世界上主要栽培的柑橘种类，除柠檬原产于印度外，其余的原产地或原产地之一均为中国。

◆ **主要分布**

全世界有 138 个国家和地区生产柑橘，主要分布在亚洲、美洲、非洲和欧洲，产量处于前 10 位的主产国为中国、巴西、印度、美国、墨西哥、西班牙、埃及、尼日利亚、土耳其和阿根廷。中国有 4000 多年的柑橘栽培历史，《禹贡》《周礼·冬官考工记》《吕氏春秋》中都有记载。

中国柑橘分布于北纬 16°～ 37°，海拔最高达 2600 米（四川巴塘），南起海南三亚，北至陕、甘、豫，东起台湾，西达西藏的雅鲁藏布江河谷，但中国柑橘的经济栽培区主要集中在北纬 20°～ 33°，大多在海拔 500 米以下。已形成长江上中游甜橙带、赣南湘南桂北脐橙带、浙南闽西粤东宽皮柑橘带、鄂西湘西宽皮柑橘带及特色优势柑橘基地等"两横两纵五点"格局的柑橘优势产业布局，优势区域产量占 90% 以上。全国有 20 个省（自治区、直辖市）的 980 多个县（市、区）种植柑橘，其中主产地有广西、广东、湖南、湖北、江西、四川、福建、重庆、浙江和台湾等 10 个，其次有云南、陕西、贵州、上海、海南等地，河南、江苏、安徽、甘肃和西藏等地也有零星种植。

◆ **种质资源**

柑橘种类甚多，中国在柑橘分类方面早有建树，战国时期即知橘、香橙、枳等属于同一类果树。近代柑橘分类大致形成了斯温格尔系统、田中系统和曾勉系统。现代分类还融入核酸等分子特征和数字化信息等。经过长期栽培和品种选育，柑橘栽培种类及品系繁多，中国、法国、美国等国家建立了保存有超过1000个种类（品系）的柑橘种质资源圃；中国还离体保存有100余份柑橘种质资源的胚性愈伤组织库。

柑橘种间易于杂交，杂柑类主栽品种主要有默科特橘橙、诺瓦橘柚、沃柑、贡柑、金秋砂糖橘等。柑橘细胞工程技术日趋成熟，成功创制了雄性不育胞质杂种新品种华柚2号和一批三倍体无核新品种。甜橙、柚、克里曼丁橘等柑橘类型的全基因组序列信息已发布，为基因组辅助育种等奠定了基础。

◆ **形态特征**

柑橘根系的主要功能是固定植株，吸收水分和矿质营养。与其他植物不同的是，柑橘根系的根毛稀少甚至缺失，主要依靠菌根吸收水分和养分。柑橘根系在13℃左右开始生长，最适生长温度为25～28℃，生长与枝梢交错。柑橘根系水平分布可达树冠的2～3倍以上，垂直分布则取决于土壤条件和砧木种类，大多数须根分布在地下20～50厘米。

柑橘没有顶芽，只有腋芽，存在顶芽自枯现象，即枝条生长到一定时期后，先端停止生长，近顶端1～4节处发生自动脱落，称为"自剪"。因柑橘无顶芽，顶端优势削弱，下部多个腋芽代替其生长，所以柑橘丛生性强。柑橘芽为裸芽，芽外无厚鳞片，由几片不发达的芽鳞包裹；芽鳞具绒毛，组织粗糙，油胞粗大。柑橘枝梢由于顶芽自枯现象，呈假合轴分枝。枝条大多带刺，以原始种、实生树和徒长枝上较多。柑橘一年多次发梢，按发生时期可分为春梢、夏梢、秋梢、冬梢。按枝梢一年中是否继续生长、抽枝，可分为一次梢、二次梢、三次梢等。

柑橘中除枳叶片为三出复叶外，金柑属和柑橘属的叶片均为单身复叶，由本叶、翼叶和叶柄组成。红河橙、宜昌橙翼叶极大，几乎等于本叶大小，有时超过本叶。柚类、橙类、宽皮柑橘类次之，金柑较小，枸橼类如柠檬几乎无翼叶。柑橘类叶片大多数无毛，柚类叶片较大，橘类较小。叶片均具有透明油胞点，内含挥发性芳香油，可作为提取精油的材料。

柑橘属的花着生于叶腋，呈单生或伞房状总状花序，金柑属、枳属等一般为单花或少数丛生于叶腋。柑橘花为完全花，由花萼、花瓣、雄蕊、雌蕊和蜜盘组成。一般有花瓣 4～8 枚，花萼 4～5 浅裂，宿存。花瓣有光泽或呈蜡质状，可看见油胞。雄蕊数目一般为花瓣数的 4 倍，为 20～40 枚，花丝白色，花药黄色有 4 隔，每隔具腔室，内有花粉母细胞。柑橘的花有蜜盘（蜜腺），呈盘状，分泌蜜汁。柑橘果实为柑果，由子房发育而成。外果皮富含油胞，又称油胞层，由子房外壁发育而成；中果皮（白皮层）由子房中壁发育而成；子房内壁发育成囊瓣，内含汁胞和种子；果实中心有白色的中心柱。柑橘中不同品种果皮厚度差异较大，柚、枸橼类果皮较厚，可达 2～3 厘米，枸橼中佛手果皮最厚，几乎无果肉。柑橘果实一般幼果时呈绿色，成熟时变为黄色、橙色或橙红色，色泽鲜艳。柑橘果肉由若干囊瓣组成，金柑属一般为3～7瓣，枳常为6～8瓣，柑橘属8～14瓣。

各种柑橘果实

◆ 主要类型

生产栽培上的柑橘主要涉及柑橘属、金柑属和枳属3个属。大部分栽培种类和品种都属于柑橘属；金柑属果实最小，果皮果肉皆可食；枳属主要作砧木，果小且酸，不能食用。

枳属

枳属是落叶灌木或小乔木，三出复叶，花单生。果小，果实酸苦，不能食用。子房密被绒毛，6～8心室，子叶乳白色。枳属有一个种，即枳，抗寒性强，制干后可药用，主要用作砧木，世界各地均有引种利用。还有一个变种，即飞龙枳，是一种有发展前途的柑橘矮化砧。

金柑属

金柑属是常绿灌木或小乔木，树冠较小，枝条有刺。单身复叶，叶脉不明显。花小，一年开花多次，花单生或丛生。果小，果皮肉质化，可做蜜饯。子房不被绒毛，3～7心室，子叶和胚为绿色。金柑属有5

个种，即山金柑、罗浮金柑、圆金柑、金弹、长叶金柑，杂种有长寿金柑和四季橘等。

柑橘属

柑橘属是常绿乔木或灌木，种类繁多，品种复杂。单身复叶，叶脉明显，翼叶和叶身连接处有关节。花白色或紫色，具芳香气味。果实为柑果，果大，果皮革质，油胞富含精油，果肉由汁胞构成，称囊。子房一般不被绒毛，8～14心室。

柑橘属中具有经济栽培价值的主要有甜橙、宽皮柑橘、柚、葡萄柚和柠檬。①甜橙。世界上栽培最广的柑橘品种类群，按品种特性可分为普通甜橙类、脐橙类、血橙类和无酸甜橙类，后3类均是普通甜橙的体细胞变异后代。②宽皮柑橘。世界上最古老的食用栽培柑橘品种类群，栽培品种很多，主栽类型有温州蜜柑、椪柑、砂糖橘、南丰蜜橘、本地早橘、克里曼丁橘等。③柚。果实巨大，皮厚，单胚，自交不亲和性现象普遍，主栽品种有琯溪蜜柚、沙田柚、晚白柚、马家柚等。④葡萄柚。甜橙和柚的天然杂种，果实大小介于两者之间，果肉多汁，主栽品种有马叙和邓肯等。⑤柠檬。其嫩梢和花蕾均带紫色，果实含酸量高，主要用作加工制汁、提取精油及烹饪，主栽品种有尤利克、里斯本等。

◆ 栽培管理

柑橘是好温喜湿的热带常绿树种，栽培时的技术问题包括优选砧木品种、培育脱毒苗、建园与种植、科学施肥、修剪与整形、促花与保果等。

优选砧木品种

柑橘砧木品种对土壤适应性及其与接穗品种亲和性存在差异，砧木可影响接穗品种的果实大小与品质、树体大小及抗逆性等园艺性状。因此，首先应选择适应当地土壤条件并与当地栽培品种亲和的砧木品种，如香橙和枸头橙分别适宜偏碱性的紫色土和盐碱地，红檬檬、枳、红橘、酸橘等适宜红黄壤区域的砂糖橘、贡柑等，尤其枳适宜于大多数栽培品种。

培育脱毒苗

柑橘系统侵染性病害及检疫性病害较多，且多经接穗嫁接传播与种苗远距离传播，消毒砧木种子、培育脱毒苗就非常重要。砧木种子消毒用纱网袋装好，置于 50 ～ 52℃热水浸 5 ～ 6 分钟，再转入 55±0.3℃热水中处理 50 分钟，取出晾干播种，来自溃疡病疫区的还需经农用链霉素处理。建立脱毒苗圃应选择与柑橘果园有 2 千米距离、隔离条件较好、环境开阔、交通条件较好的地方，推广应用容器苗。出圃健壮苗木应具备：主干高 25 厘米，径粗约 1.0 厘米，有分布均匀的 3 条一级主枝，6 ～ 9 条二级分枝；叶片浓绿，略呈龟背形；主根长约 20 厘米，侧根均匀，须根发达，且不带检疫性病害。

建园与种植

选择土层较深厚肥沃，灌水条件较好的平地或坡地建园，规划好道路、水源、防护林、拦洪环山沟、纵横排水沟，开宽 1 米，深80 ～ 100 厘米的撩壕沟或大植穴，每立方米分 3 ～ 4 层压埋绿肥、厩肥等有机肥 100 ～ 150 千克、石灰 2 ～ 3 千克、磷肥 0.5 ～ 1 千克、麸粉 0.5 千克作基肥。以后随树冠逐年增长，根系扩展，扩穴改土，每年压埋绿肥或有机肥 50～100 千克 / 米³，每株加施石灰 0.5～1 千克、磷肥 0.5～1 千克。水田和围田柑橘园地下水位高，必须搞好园区三级排灌工程，起土墩种植，加深排水沟，降低水位，保证有 80 厘米土层，使常年水位稳定，不受水浸。种植密植要充分利用果园的阳光、空间和地力，采取宽行窄株、带状排列种植，以便于耕作管理。

施肥

有条件的可建立水肥一体设施，并进行测土配方施肥；没有条件则勤施、薄施肥，幼树每次抽芽前 2 周施一次肥，抽梢后 7～10 天视芽势再施一次肥。氮、磷、钾与微量元素合理配合。结果期，上半年宜控制氮肥使用，调整为低氮至中氮、高钾、中磷，以利坐果和抑制夏梢抽吐。在抽秋梢前及果实迅速增大阶段，应施高氮、高钾、中磷，以保证秋梢生长充实、果实的正常发育以及花芽分化和树体越冬等方面需求。

整形修剪

柑橘幼年树一年可长梢 4 次以上，结果树后期一年可长梢 2 次以上。幼年树修剪重点是整形，少剪枝以扩大树冠，提早结果；结果树以培养秋梢为重，控制夏梢生长；老树一般只生长 1～2 次梢，即春梢或秋梢，要有足够数量和较好质量的枝梢才能保证产量。生产上统一放梢，柑橘的芽是复芽，将先萌吐的芽抹除后，还可萌吐出更多的芽，待绝大多数树的芽都萌吐整齐，再选择时机一起放梢，这样枝梢生长较为一致，易于做好新梢病虫害防治工作。

促花

柑橘开花相对较容易，生长旺盛的树成花较难一些，生产最有效、最经济简便的技术是在 12 月上中旬花芽生理分化期环割主干或主枝一圈，提高割线以上结果母枝生长点的细胞液浓度，促进生长点叶原基向花芽方向转化。环割 15 ～ 20 天后，如叶片开始褪色，即达到预期促花效果。也可通过控水法促花，即从 11 月上旬起不再灌水，至叶片中午呈微卷状态维持 40 天左右，也可达到促花要求。促花剂如 2000 毫克 / 升多效唑等也可提高柑橘成花率。幼年柑橘树营养生长很旺，若控制不好，往往春梢生长过旺，夏梢抽吐早而多，会加剧梢果矛盾，造成过度的落花落果，降低坐果率。

保果

提高坐果率的措施包括：①花量中等或偏少的壮旺幼树均进行环割保果，提早在谢花后用小刀环割主干或主枝一圈，深度为仅切断皮层。花量中等树，在第一次生理落果完成后环割主干或主枝一圈。②喷激素与根外追肥保果。③抹除夏芽。幼年树夏梢生长较旺，长至 3 ～ 5 厘米便及时抹除，每隔 3 ～ 4 天抹除一次，反复进行，直至定果期为止。喷多效唑对抑制夏梢生长也有一定效果，但会影响果实长大，且喷射过早还会导致果量过大，果实偏小。

病虫害防治

柑橘病虫害较多，以推广绿色综防技术为方向，结合人工防治、生物防治、化学防治等措施，依据病虫害经济防治指标，选用经济、高效、低毒的矿物性、植物性等农药，根据病虫害预测预报等办法适时防治。

在遭遇黄龙病大流行时，尚依赖于集中连片对其传媒柑橘木虱开展化学防治，同时砍除病树和使用脱毒苗。

◆ 采收

采果是柑橘生产上的最后环节，又是商品化处理的最初环节。采收期与果实的产量和质量密切相关，采收质量直接影响到果实的耐贮性和抗病性。一般果皮有 70% ～ 80% 转变为固有色泽时即宜采收。此外，可根据果汁糖酸比率、果梗上的离层发生、果实大小等确定采收期。采收应在晴天上午露水干后进行，凡遇下雨、落雪、打霜的天气，以及树上水分未干或刮大风时，均不宜采果。采收用的果剪必须是圆头，刀口锋利，以免刺伤果实。果篓以能装 10 千克左右为宜，容器内壁要柔软、光滑，以减少果皮的碰伤。采果时应由下而上、由外到内，用采果剪"一果两剪"（第一剪在果柄 3 ～ 4 毫米处剪断，第二剪则齐果蒂把果柄剪去）。

从田间采收的柑橘果实仅仅是农产品原料，必须进行商品化处理。商品化处理后，可以改善产品的外观品质，提高产品的商品性，减少腐烂，延长货架期，提高生产的经济效益。果实商品化处理包括防腐保鲜、预贮、洗果、涂蜡、分级、包装等一系列过程。①防腐保鲜。果实采后常须选用高效、低毒、安全的化学防腐保鲜剂进行处理，以减少损失。防腐保鲜剂需经卫生部门批准，严格按规定剂量使用。②预贮。为降低果实在贮藏中的枯水与腐烂，果实需经预冷、愈伤、催汗（软化）处理。从田间进入包装场的果实温度较高，呼吸和蒸腾作用旺盛，要及时散热，使温降低，延长贮藏期。预贮室宜选通风良好、干燥、不受阳光直射、温度较低而稳定的空间。③洗果。利用清洁剂进行洗果，可除去果面的各种污物，使果面清洁美观，减少病原。多用机械洗果，利用传送带将果实送入，通过机械将洗涤液（如 1% ～ 2% 碳酸氢钠或 1.5% 碳酸钠溶液）喷至果面，通过一排转动的毛刷将果面洗净，然后经过清水冲淋，用干海绵吸干果面水分，通过烘干装置将果面水分烘干。④涂蜡。经过洗涤的果实清洁度提高，但是果面固有的蜡质层有所破坏，在贮运过程中容易失水萎蔫，所以必须涂符合食品添加剂标准的蜡液，以恢复表面蜡被。涂蜡后能抑制果实内部酶活性，减慢代谢进程，延缓成熟衰老，同时能增加果面光泽，增强商品性。⑤分级。多用光电选果系统，严格按照国家规定的内外销标准进行分级，使果实规格、品质一致，便于包装、贮运和销售，实现柑橘生产、销售的标准化。⑥包装。通过包装可减少果实在运输、贮藏和销售过程中互相摩擦、挤压、碰撞等所造成的损失，减少病害传染，减少水分蒸发，延长货架期和贮藏寿命，提高商品价值。多用瓦楞纸箱或钙塑箱包装，大小整齐，既能提高库容利用率，也便于运输和贮存，容量一般为 10 ～ 20 千克。使用纸箱时，应在箱两侧及箱顶留有一定的通气孔，以利通风换气。装箱完毕应分组堆放，以便在包装箱上做标记，印上果实的品名、组别、重量、包装日期等。

◆ 加工

柑橘加工是通过一定工序和方式将柑橘的果肉或非可食部分转变为目标需求的过程。柑橘果实最适合综合加工利用，从果皮、果肉到种子，各部分均含有丰富的营养和经济价值较高的食品、医药和化工

柑橘清洗、分级与包装

等原料成分，通常可加工成以下系列食品：①果汁。以果实为原料经过物理方法如压榨、离心、萃取等得到的汁液产品。汁用果要求出汁率高、可溶性固形物高、果汁色泽鲜艳芳香、风味浓郁、酸甜适中、无苦涩等异味、混浊度稳定、耐贮、不易变色变味等。以甜橙较为适宜。②罐头。将符合要求的果肉经过处理、调配、装罐、密封、杀菌、冷却，或经过无菌灌装，使其在常温下能够长期保存。做橘瓣罐头要求果实中等偏小、整齐，皮薄易剥、囊衣易脱，瓢瓣整齐、呈半圆形，组织紧密、不易松散，果肉色泽鲜艳、嫩而不软，原料损耗率低等。以温州蜜橘较为适宜。③果酱。把果肉、糖及酸度调节剂混合后，用超过100℃温度熬制而成的凝胶物质，又称果子酱。④果脯。果肉经去皮、取核、糖水煮制、浸泡、烘干和整理包装等主要工序制成的食品，鲜亮透明，表面干燥，稍有黏性，含水量在20%以下。⑤果酒。利用果实的糖分经酵母菌发酵工艺制成含有水果风味与酒精的饮品。⑥果醋。利用现代生物技术将果实酿制成一种营养丰富、风味好的饮品。⑦香精油。柑橘含香精油的器官部分经过蒸馏或化学提取等工艺，提取香精油产品。要求品种含油率和出油率皆高,油质特别芳香,如柠檬、巴柑檬等。现代加工工艺较为成熟,均有系列加工机械产品,皮渣还可加工成饲料等。

◆ 价值

柑橘果实鲜食、加工兼宜,其皮络可作中药材,深加工提取物可作工业和医药原料;花具有浓郁芸香气味,是良好的蜜源,亦可熏制花茶;陈皮可制作陈皮茶;部分树种如金柑(金橘)等亦可作观赏树种。

柑橘果实不仅外观色泽鲜艳,而且营养丰富,甜酸适口。据测定,每100克柑橘新鲜果肉中约含碳水化合物12克、蛋白质0.9克、脂肪0.1克、钙26毫克、磷15毫克、铁0.2毫克、胡萝卜素0.55毫克,还含有维生素C、维生素B_1、维生素B_2等。柑橘果实中的类胡萝卜素和维生素C是重要的抗氧化剂,可以延缓人体衰老,增强人体免疫力。柑橘果汁每100毫升含维生素C 40毫克,柚可达70毫克。柑橘果实除可鲜食外,果肉还可用于榨汁(橙汁为主)或加工成罐头(橘瓣罐头为主),亦可从果皮中提取精油、果胶、黄酮等。此外,中医学认为柑橘果实具有很高的药用价值,柑橘皮入药称陈皮,可健脾理气、化痰止咳;橘络可通络消痰、顺气活血;青皮即橘幼果皮可疏肝破气,消积化滞。陈皮是广东三宝之首,在江门一带被制成诸多食品,如陈皮茶、陈皮糕、陈皮醋、陈皮酒等,

陈皮

当地还习惯用陈皮烹饪。

金柑属中的金柑、金豆等因树形矮小，可用于庭院种植和盆栽，具有很高的观赏价值。枳属中的枳枝条多刺，在园林中多作绿篱或屏障树，既可隔离园地，又可观花赏果。柑橘大多为常绿小乔木，四季常青，花香果艳，集赏花、观果、闻香于一体，对提高森林覆盖率、改善生态环境具有重要意义。由于橘与"吉"谐音，因此有些地区还将柑橘作为一种传达祝愿的文化产品。

波罗蜜

波罗蜜是桑科波罗蜜属植物，又称菠萝蜜、木菠萝。因其果实挂在树上像菠萝，故又称树菠萝；因其形状像牛的蜂窝胃，故在云南又称牛肚子果。

波罗蜜起源于印度高止山脉地区，唐代传入中国，在中国海南、广东、广西和云南、福建等热带、亚热带地区均有分布，以广东、海南两地栽培较多。

◆ 种质资源

根据波罗蜜果实的果肉质地特性，可将波罗蜜品种分为湿包类型和干包类型两大类。湿包类型又称软肉型，果实完全成熟后能徒手剥开，果肉质地软，果包难成形，果汁多。干包类型又称脆肉型，果实成熟后不易用手剥开，须用刀来剖开果实，果肉爽脆，更受消费者欢迎。根据波罗蜜植株的花期及结果习性，可将波罗蜜品种分为双造波罗蜜及单造波罗蜜。双造波罗蜜每年开花、结果两次，由于花、果期相连，似四季均有果，故又称四季波罗蜜。单造波罗蜜立春开花，夏至至大暑前后成熟。

过去中国波罗蜜以庭院房前屋后种植较多，以实生繁殖为主；进入 21 世纪后，一些大规模的商业化果园才逐渐出现，以种植优良品种的嫁接苗为主。有引进泰国、马来西亚、越南等国的，也有逐步自主选育出的一些品种，如常有、海大 1 号、海大 2 号、海大 3 号等。

◆ **形态特征**

波罗蜜嫁接植株一般种植 3 年后即可开花结果。波罗蜜的花属于茎生花。雄花序和雌花序着生在短的腋生具叶枝条上。在主干、主枝、粗枝、小枝甚至近地表的侧根上，都能抽生花枝（结果枝）开花结果。雌花序授粉受精后，发育为聚合果。可食部分称"果包"，是由花瓣裂片发育而成的假种皮。未受精或受精不全的雌花发育成"腱"，食

波罗蜜果实

味差。波罗蜜一般开花后 3 ～ 4 个月果实成熟。在印度，优良单株可产 150 个大果，尽管某些植株可挂果 250 ～ 500 个，但其果实多为中等大小或小型。单株产量随着树冠增大而增加，最高可达 400 千克以上。

波罗蜜果实是典型的呼吸高峰型果实。

◆ **栽培管理**

栽培波罗蜜主要采用嫁接苗。波罗蜜或尖蜜拉都可用作波罗蜜的砧木。根据接穗不同分为芽接或枝接，嫁接方法主要是切接或靠接，但最常用的是芽片切接。

波罗蜜树高大，株行距一般为 6 米 ×6 米，或可更宽（7 ～ 8 米）。波罗蜜对水分的需求量大，特别是花期及果实发育期，若久旱，则小果脱落或发育停滞，果小畸形，包小肉薄，品质差。

波罗蜜果肉

因此，花期及果期若过于干旱，应设法灌溉。但雨季易涝，也应做好排水，防止积水烂根。波罗蜜幼树施肥以促进枝梢生长、迅速形成树冠为目的，除冬施有机肥外，每次抽新梢前施速效肥促梢、壮梢。结果树在采果后重施有机肥，配施少量速效肥，以恢复树势，提高叶片功能，促进花芽分化。在初春发芽、抽花序前施速效肥，促进新梢生长，花序发育。在果实迅速增大时再施壮果肥，促进果实发育。波罗蜜自然生长易形成自然圆头形树冠，但一般在 1 米高后打顶促进分枝，形成 3 ～ 4 个主枝的树冠。成年树修剪需要去除直立旺枝，在收获后，需要疏除内膛枝和结过果的花果枝。结果树需要在采收后周期性地去除老枝，以增加内膛透光量。

◆ 价值

波罗蜜果实含丰富的营养物质，果肉具有独特的香甜味，主要用于鲜食，亦可加工成脆片或罐头、果脯、果汁。种子富含淀粉，少量的钙、铁，以及维生素 B_1 和维生素 B_2，可煮、烘、炒或炸食。未成熟果实的果肉可炒食、煮汤或腌制。波罗蜜在斯里兰卡被称作"大米树"，可替代粮食。

龙　眼

龙眼是无患子科龙眼属一种常绿果树，又称桂圆、益智，是龙眼属中唯一作为果树栽培的种。

龙眼肉含丰富的葡萄糖、蔗糖和蛋白质等，含铁量也较高，可在提高热能、补充营养的同时，促进血红蛋白再生，从而达到补血的效果。同时，龙眼果实中富含多糖，具有抑制肿瘤、缓解疲劳、增强记忆等功能。

◆ 起源与分布

龙眼原产于中国南部的云南、广西、海南和越南北部。据中国古代著作《群芳谱》《三辅黄图》等记载，中国栽培龙眼至少有2000多年历史。世界龙眼种植面积在1000万亩左右，包括中国、泰国、越南、缅甸、老挝、印度、菲律宾、马来西亚、印度尼西亚、马达加斯加，以及澳大利亚的昆士兰州、美国的夏威夷州和佛罗里达州等国家或地区。其中，中国产业规模居首，泰国第二，越南第三。

国家龙眼枇杷种质资源圃（福州）收集保存了世界上龙眼主要产区的种质资源300多份，包括主栽品种、地方品种、近缘种资源等。

近缘种主要为龙荔。变种为钝叶龙眼，与龙眼的区别只是小叶顶端钝圆或微缺，枝干光滑；越南南部和泰国有分布，大部分呈灌木状，中国云南偶见，保存于国家龙眼枇杷种质资源圃（福州）。

中国龙眼栽培地主要在长江以南，广西种植面积最大，广东次之，福建第三，然后依次为四川、重庆、台湾、海南、云南、贵州。

◆ **形态特征**

龙眼是长寿果树，在中国龙眼产区常见百年以上的结果龙眼树，400 年左右的古树可年产鲜果 1000 千克以上。属常绿乔木，高通常 6～10 米，部分高达 40 米，胸径达 1 米，具板根。树冠以圆头形、扁圆形为主。树干粗大，外皮粗糙有规则纵裂，多呈灰褐色。小枝粗壮，有较强的顶端优势。叶多为偶数羽状复叶，小叶对生或互生，呈长椭圆形、披针形或卵圆形，全缘革质，多为 4～5 对，也有 3 对或 6 对，长 6～20 厘米，宽 3～6 厘米，叶面绿色，背面淡绿色，侧脉多明显。根系深广，垂直根入土深达 3～4 米，水平根分布为树冠的 1～3 倍，吸收根多集中在 40～50 厘米的土层中，具菌根，耐旱。花序为聚伞

龙眼树

圆锥状排列的混合花序，花蕾多浅绿或红褐色，密被星状毛，花数多达数百至上千朵；花朵小而密，花瓣黄白色，有微香；雄能花最多，其次为雌能花，再次为两性花，也有少变态花。一般 2 ～ 4 月花芽形态分化，3 ～ 5 月开花，圆锥花序基部 2 ～ 3 个支轴花序花朵最先开放，多数雄花先开，也有雌花先开的，单花序多数雌雄花交替、交错开放或同时开放，花期 25 ～ 35 天。坐果率为雌花数的 10% ～ 20%。第一次生理落果为授粉受精后 3 ～ 20 天，落果量最多；果实膨大期的 4 ～ 6 月为第二次生理落果，之后直至成熟落果较少。果实增大最快在果实生长的中后期；果实成熟期多在 7 ～ 9 月，其熟期早晚与品种、区域气候有很大关系。果实核果状，多为扁圆形、近圆形或侧扁圆形，单果重 6 ～ 20 克；果皮多为褐色、灰褐色或黄褐色，薄且较粗糙，质地韧或脆；果肉为假种皮，半透明，乳白色或蜡白色，肉质细嫩、软韧或脆，流汁或不流汁，风味甜、无酸，有无香型和香型。种子扁圆形或近圆形，种皮红褐色、赤褐色或紫黑色，较光滑。大部分品种花期春夏间，果实夏秋季成熟；少量全年开花、四季成熟，如广东品种粤引双季龙眼；也有的一年春季、夏季两次开花，夏秋成熟，如品种二造龙眼。

◆ **生长习性**

龙眼喜温忌冻，温度是限制地理分布的最主要因子，年平均温度 20 ～ 22℃较为适宜，冬季绝对低温低于 -5℃ 的地区不宜作为经济栽培。龙眼花芽分化一般要经过一段相对低温，最冷月均温 12℃左右。适栽区的年降水量通常能满足龙眼生长结果的需要，但花期及幼果期如遇多雨会引发落花落果，应当及时排水防涝。华南沿海地区果成熟期间

龙眼的叶和果实

常有台风登陆，要注意防风。龙眼对土壤适应性强，但以土层深厚、土壤湿润、pH 5.5～6.5 的微酸红壤土或沙壤土为佳。根系每年有 3～4 次生长高峰期，并与新梢生长相互交替，6～8 月高温多湿，根系生长量最大。一般每年抽梢 3～5 次，即春梢、秋梢各一次，夏梢 1～3 次，树体旺或暖冬地区还会抽一次冬梢；新梢多由已充实或接近充实的枝梢顶芽抽发。

◆ **主要品种**

中国是龙眼品种资源最丰富的国家，龙眼品种众多，主要栽培品种有石硖、储良、福眼、乌龙岭、蜀冠等。①石硖。广东、广西、海南主要栽培品种之一，原种出自广东南海平洲，是栽培历史悠久的鲜食名种，有黄壳石硖、青壳石硖与宫粉壳石硖 3 个品系。具有早熟、丰产稳产特性，果实虽小但种子也小，可食率比较高，易离核，果肉爽脆化渣，不流汁，浓甜带蜜味，是龙眼中鲜食品质最佳的品种，也是易于催花以调节产期的品种。②储良。广东、广西、海南主要栽培品种之一，原产于广东高州市分界镇储良村。具有果大、均匀、易离核，可食率高和可溶性固形物含量高,肉质脆,汁较多等特点,鲜食品质好,兼具加工优势,是龙眼中综合性状最优的品种。③福眼。福建龙眼主栽品种之一,尤其是福建晋江、南安、泉州等主产区的主要中熟品种,丰产稳产。果实肉质细腻,汁多肉厚,味清甜。④乌龙岭。福建龙眼主要加工品种之一,原种来源于福建莆田市仙游县郊尾镇乌石岭村,是传统制干的品种。果实圆球形,大小均匀,肉质软脆,化渣,含糖量和焙干率高,果壳不易凹陷,易大小年结果。⑤蜀冠。四川龙眼主栽品种之一。成熟期较晚,具有早结、丰产特点,果大整齐,含糖量较高,是鲜食和制干良种。中国先后有33个龙眼新品种通过审(认)定或登记。其他国家的龙眼品种也比较丰富,其中早熟品种依多占泰国龙眼种植面积的80%左右。依多龙眼丰产稳产,果大均匀,可食率高,含糖量高,是鲜食和加工的良种。

◆ 栽培管理

龙眼的繁殖方法多以小苗嫁接为主。先用实生繁殖培育砧木苗,然后用嫁接繁殖。春季嫁接以3～4月,秋季嫁接以9～10月较为适宜。接穗应从经过鉴定的优良母树上选取。嫁接方法多用切接法。春、秋两季均可定植,行株距一般为6～8米,每公顷以定植210～280株为宜。幼龄果园可利用空地间套种豆科作物或其他经济作物。幼树保留主干高30～50厘米,选留2～4个生长健壮、分布均匀的主枝,培养成双波浪形树冠。

成年树要增施肥料,尤其是施用有机肥。通常每年施肥2～4次,即花前肥、稳果肥、壮果肥和采后肥;也可集中施用花前肥和采后肥

2 次。施肥量按每产果 50 ～ 100 千克折算，全年施纯氮（N）1 ～ 2 千克，磷（P_2O_5）0.5 ～ 1 千克，钾（K_2O）1 ～ 1.5 千克。成年树的修剪应以培养健壮的优良结果母枝为原则，疏除杂乱、过密、衰弱、病虫枝。龙眼树大小年结果现象比较明显，如遇大年，要适时适量疏除部分花穗和幼果，以利抽发夏梢，作为来年的结果母枝。

龙眼是病虫害较少的果树，主要病害有龙眼鬼帚病（又称秃枝病、丛枝病、扫帚病）、霜疫霉病、叶斑病等，主要害虫有荔枝蝽象、爻纹细蛾、卷叶蛾等。

◆ 贮藏

龙眼鲜果因汁多且含糖量高而不易保鲜。龙眼保鲜以二氧化硫熏蒸为主，此外还可利用扑海因、仲丁胺、特克多抑霉唑、多菌灵作为防腐保鲜剂延长龙眼果实贮运时间；利用 5 ～ 7℃低温抑制果实代谢速率，减少果皮表面水分挥发达到保鲜效果；利用 4% ～ 6% 的二氧化碳、6% ～ 8% 的氧气环境贮藏龙眼，可有效改善贮藏品质，减少腐败；利用外源一氧化氮供体剂硝普钠（SNP）处理，可显著减缓龙眼果皮的褐变，抑制果皮过氧化物酶（POD）活性，降低果实腐烂和果肉自溶；利用辐射和冷链系统也具有较好的保鲜效果。

◆ 加工

龙眼是热带水果中加工比率较高的作物之一，世界龙眼总产量中约 30% 用于干品加工，中国龙眼的加工比例为 20% ～ 30%，泰国约 40%，越南 30% ～ 35%。龙眼肉、龙眼干等传统的干制品是龙眼的第一大加工产品。中国龙眼肉加工主要集中在广东高州、广西博白和岑溪、福建莆田和漳州，而龙眼干加工主要集中在福建。龙眼加工多采用人工去核和土法烘焙，仅有部分专业户采用机械化烘干焙制。此外，龙眼少量加工成水果罐头，龙眼粉、龙眼膏、龙眼冰激凌、龙眼酒、龙眼醋、龙眼冻干品等新型食品也逐步被开发出来。龙眼加工后，废弃的龙眼壳和龙眼种子可提取多糖、黄酮、多酚、膳食纤维、色素等，还可提取淀粉或作为酿酒原料。

◆ 价值

营养学家研究发现，每 100 克龙眼果肉中含全糖 12% ～ 23%、葡萄糖 26.91%、酒石酸 1.26%、蛋白质 1.41%、脂肪 0.45%、维生素 C 163.7 毫克、维生素 K 196.6 毫克，还有维生素 B_1、维生素 B_2、维生素 P 等。经过处理制成果干，每百克含糖分 74.6 克、铁 35 毫克、钙 2 毫克、磷 110 毫克、钾 1200 毫克等多种矿物质，还有多种氨基酸、皂素、鞣质、胆碱等，这是其强大滋补能力的来源。因其假种皮富含维生素和磷质，有益脾、健脑的作用，故亦入药。

龙眼果肉除供鲜食外，还可作为加工原料。龙眼木材坚硬耐久、纹理细致、色泽优美、坚固耐火、暗红褐色、耐水湿，是造船、家具、细工等行业的名贵红木用材。龙眼茎根虬曲古朴，是制作根雕的良好材质。龙眼花量大，花期长，气味芳香，是南方重要的优良蜜源植物。龙眼树四季常青，冠层荫厚，又耐旱耐瘠，是城乡园林绿化、丘陵荒山绿化的良好树种。

用龙眼根制作而成的根雕

◆ **新业态**

龙眼是果树中少有的具有成花逆转现象的特色树种之一。利用氯酸钾诱导龙眼反季节成花,最早是中国台湾地区于1998年试验成功,此后陆续在福建、广东、广西、海南等龙眼产区和泰国清迈进行示范推广,海南和广东已经开始规模化应用。不同龙眼品种用氯酸钾反季节催花效果差异较大,石硖和储良龙眼对氯酸钾催花相对敏感,是商业化应用较成功的龙眼品种;松风本、乌龙岭、福眼等龙眼品种比较不敏感。龙眼反季节催花的成功应用,使龙眼鲜果供应期大大延长,加上早、中、晚熟龙眼品种的熟期配套,使中国龙眼鲜果实现一年四季供应,甚至周年供应。

随着农业与其他产业的融合,中国以龙眼产业为主题的产业融合正在兴起,例如,四川泸州市张坝桂圆林旅游区利用泸州市近郊张坝连片上千株百年龙眼古树,投资建设集旅游、观光、休闲、科普、生产等为一体的龙眼风景区。

杧 果

杧果是漆树科杧果属多年生木本植物,别称芒果、檬果、漭果、闷果、蜜望、望果、庵波罗果等。

杧果是杧果属中栽培最广泛的种,染色体数目为$2n=40$。杧果是热带亚热带常绿果树,中国主要栽培在广西、云南、海南、四川、台湾、广东、贵州、福建等热带、亚热带地区,高海拔地区和北沿地带易遭冷害。通过优势区域布局与品种和技术配套,鲜果可以周年上市。

◆ 起源与栽培史

杧果原产于亚洲东南部的热带地区，该区域北自印度东部、中经缅甸、南至马来西亚一带。早在公元前 2000 多年，印度民间文学中就有杧果的描述。

公元前 5 ～前 4 世纪，杧果随着佛教僧侣的活动而传播，先后传入越南、泰国、柬埔寨、斯里兰卡等国家。公元前 3 世纪，亚历山大军队入侵印度，把杧果带到欧洲。14 ～ 15 世纪，葡萄牙人将杧果从印度传入伊斯兰教统治的岛屿。15 世纪早期，西班牙航海家、伊斯兰教传教士及葡萄牙人将杧果传到菲律宾。16 世纪初期，葡萄牙人从印度果阿将杧果运到非洲南部。1700 年杧果被引进巴西。1778 年西班牙旅行者将杧果从菲律宾引入墨西哥。1742 年巴巴多斯开始种植杧果。1782 年牙买加开始种植杧果。1809 年夏威夷群岛从墨西哥引入杧果。

杧果树

1825 年葡萄牙人将杧果从孟买带到埃及。1861 年美国佛罗里达州开始种植杧果，经过多年选育发展，佛罗里达州的品种具有丰产稳产性强、适应性广、果皮带红晕、果肉结实、可食率高的特点。18 世纪晚期，杧果被引进到也门。1905 年杧果被引入意大利南部。至 21 世纪，杧果生产与贸易已遍布世界热带、亚热带地区，全世界有超过 100 个国家种植，分布于五大洲，但是主要栽培在亚洲、南美洲和非洲。

◆ 形态特征

杧果根系生长第一次高峰出现在果实采收后、秋梢抽发前。秋梢停止生长后至冬季低温来临前，根系生长进入第二个高峰期。此时树体养分充足，气温适宜，高峰期长，根系生长量大，为早冬梢抽生与翌年花芽分化打下物质基础。杧果枝梢多在开春后开始生长，直至11～12月停止，每年可抽生枝梢2～5次。杧果抽梢可分为春梢、夏梢、秋梢、冬梢。枝梢生长历时1～2个月。在雨水充足、气温较高的夏秋季多为30天左右；夏梢、秋梢和早冬梢都可以成为结果母枝。杧果花芽分化的时间，因品种、地区、气候、栽培管理等因素的不同而变化，有的可早至上年的7～9月，有的则晚至翌年的1～2月。结果枝主要是顶芽抽生花序，顶芽、侧芽同时抽生的较少。当顶芽受到伤害时，附近的侧芽可能代替顶芽分化花芽，抽生花序。一个花序从初花期至末花期需10～45天。开花期气温高，开花期短，反之则长。杧果每个花序有几千朵花，必须疏花疏果，否则果实大小不一，品质差。杧果开花后，已授粉受精的子房迅速转绿并开始膨大，未经授粉受精的在开花后3～5天内凋谢脱落。杧果从开始坐果到快速生长期结束均有落果，落果数达初期坐果数的95%以上，这时落果主要

杧果花序

是因授粉受精不良或幼胚死亡所致。杧果果实从幼果开始膨大增长至果实成熟需 80～150 天。杧果果实的生长仅出现一次快速生长，授粉受精后不久生长缓慢，之后生长速度逐渐加快达最大速度。2 个月后，其果径已达成熟时果径的 95% 左右，重量随着体积的增长也相应增加；以后体积增大速度减慢，至成熟前 2～3 周增大基本停止。

◆ **种质资源**

杧果属植物有 69 个种，其中大多数种原产于马来半岛、印度尼西亚群岛、泰国、越南、老挝、柬埔寨和菲律宾。包括普通杧果在内，该属至少有 26 个种的果实可以食用，这些种类主要集中在东南亚地区，其中马来半岛是杧果属植物自然分布的中心，中国保存有 8 个种。有学者将杧果品种分为红杧类、黄皮类和绿皮类；也有学者将杧果简单分为单胚类和多胚类。

全世界有 2000 份以上的杧果种质资源，主要保存在印度、美国、泰国等国家。中国拥有 1000 份以上杧果种质资源，有早、中、晚熟类型，保存在一些科教单位。其中，国家杧果种质资源圃和农业农村部儋州杧果种质资源圃分别设在广西田东县和海南儋州市，集中保存了核心的杧果资源和品种。中国主要栽培品种有台农 1 号、金煌、凯特、白象牙、贵妃、桂热 82 号、桂热 10 号、三年杧、圣心、吉尔、帕拉英达、热农 1 号、热品 4 号、红玉等。

◆ **栽培管理**

杧果育种方面，实生选种选育的品种较多，杂交育种因育种方法的改进发展很快，诱变育种也已开展相关研究，生物技术作为辅助育种手段在杂种早期鉴定等方面发挥了较大作用。

杧果基本采用嫁接繁殖，砧木多为本地杧，多为枝接，成活率高。一般在 3～4 月及 10～11 月嫁接最为适宜。在嫁接的砧木方面，中国海南、广西和云南有采用海南本地杧、广西本地杧、三年杧等杧果作砧木的传统，抗性和适应性较强，与栽培品种亲和力好。实生繁殖一般用在砧木苗上，也用在城市行道树上。这些本地杧一般为多胚品种，较好地保持了母本遗传性状。杧果种核较硬，直接播种发芽率低，畸形苗比例大，需要进行剥壳处理后播种。

杧果在坡地和平地种植均可，土壤 pH 在 6.5 左右。山地要挖穴填肥覆土，造林防水土流失；平地果园要选择在地下水位低、排水方便的地方建园。栽植密度因品种不同而异，以封行为宜。定植多在春秋两季进行，尤以 3～5 月最好，此时气温平和，阴雨天多，湿度大，大风少，成活率高。杧果定干以 60 厘米左右为宜，留 3～4 条生长均匀的主枝，主枝长 40～50 厘米摘心，促侧分枝，依此类推培养树冠。通过优势区域布局与品种和技术配套，鲜果可以周年上市。

杧果高效催花、轮换结果、推迟花期等区域关键技术，与优良品种和营养诊断施肥、病虫害综合防控、采后保鲜和套袋等共性关键技术集成，形成中国周年供应技术体系并规模化

杧果的果实

应用，由此获得较高的经济产量和良好的品质。

病虫害防控贯彻"预防为主，综合防治"的植保方针，以改善果园生态环境。主要病害有细菌性黑斑病、炭疽病、白粉病、疮痂病、水疱病等，害虫则主要有蓟马、横线尾夜蛾、吸果夜蛾、扁喙叶蝉、切叶象甲、叶瘿蚊、脊胸天牛、蚜虫、螨类等。

防灾减灾方面，杧果最值得关注的是寒害，如四川和云南的金沙江干热河谷高海拔地区及广西百色、贵州西南部、福建漳州等杧果产区，2～4月花期和幼果发育期极易受寒害，可提前采取防护措施。在冬春季，海南、广东、广西等区域也会出现低温阴雨气候，影响坐果。

◆ **采后及加工**

由于杧果鲜果售价较高，而加工厂要求的杧果原料价格相对较低，因而除残次果外，种植业者将鲜果销售给加工厂的意愿不高，中国的加工厂主要从东南亚的越南、柬埔寨等国进口原料果或者直接进口原汁。加工品主要以杧果汁、果脯和速冻果等初级加工为主，杧果蜜饯、甜酸杧果片、杧果干等新型杧果产品也已经上市，加工品市场日趋丰富。多数产地销售者对果实只做简易分级等处理后即包装销售，但冷库低温处理和1-甲基环丙烯等保鲜应用也越来越广泛。

◆ **价值**

杧果外形美观，色泽诱人，肉质甜滑，风味独特，营养价值高，素有"热带果王"的美称，是多种加工品的原料。杧果是杧果属中栽培最广泛的种，果实营养价值极高。杧果含可溶性固形物（TSS）

14%～24.8%、糖11%～19%、蛋白质0.65%～1.31%，每100克果肉含β-胡萝卜素2281～6304微克，人体必需的微量元素硒、钙、磷、钾等含量也很高。杧果除可以鲜食外，还可以制作果汁、糖水片、糖水罐头、果酱、蜜饯、脱水杧果片、果酒、果冻、话杧，以及盐渍或酸辣杧果等。叶可入药和做清凉饮料，种子可提取蛋白质、淀粉做饲料，脂肪可替代可可脂配制糖果，亦可做肥皂。杧果味甘酸、性凉无毒，具有清热生津、解渴利尿、益胃止呕等功能。

杧果汁

杧果树适应性强，结果早，定植后3年投产，产量高，效益好，经济寿命长。杧果为常绿果树，在中国四川、云南干热河谷区域具有防止水土流失的功能；在广西、福建等地作为城市的行道树，具有涵养水源、防止空气污染等作用。

◆ 新业态

杧果大部分种植在中国南方山区和丘陵地带，已经成为广西、云南、四川、海南、贵州等杧果主产区乡村振兴的优势产业和农民收入的主要来源，并带动农资、包装、物流和服务业等相关产业的发展。2020

年中国种植面积达 515.1 万亩，产量 331.2 万吨，已成为中国种植面积第二的热带水果。广西百色地区，四川、云南金沙江干热河谷区域，以及贵州西南部等区域杧果产业发展快，杧果种植规模有扩大趋势。

中国杧果产业尚存在诸多影响品质的因素，因而要求除品种选择外，还要重点开展植物生长调节剂规范使用、土壤调理改良、化肥有机替代、病虫害安全高效防控等方面的系统研究和集成示范，达到化肥农药减施、果实品质提升、生产优质果品的目标。

枇　杷

枇杷是蔷薇科枇杷属多年生木本果树，别称卢橘，是枇杷属唯一栽培种。

枇杷是典型的亚热带常绿果树，栽培于中国秦岭以南—汉水流域—长江以南一线南部各地，直至海南岛与台湾南部等热带地区仍有种植，但在南缘地区易遭热害。枇杷春夏季果实成熟，是一年中较早上市的水果，且风味佳美，颇受消费者欢迎。

◆ 栽培历史

枇杷起源于以云南为分布中心的中国西南部。据记载，栽培枇杷的起源地可能在四川或云南。公元 1 世纪，中国已有枇杷种植。西汉司马迁所撰《史记·司马相如传》引《上林赋》中载："卢橘夏熟，黄甘橙楱，枇杷橪柿，亭柰厚朴，楟枣杨梅，樱桃蒲陶，隐夫薁棣，答遝离支，罗乎后宫，列乎北园。"1975 年，湖北江陵发掘出的汉代古墓随葬品中有枣、桃、杏、枇杷等果品。西晋郭义恭《广志》中载"枇杷出南安、犍为、宜都"，即今乐山、宜宾、宜昌，三地均以产枇杷著名。三国至隋朝时南方的 6 个朝代开始把枇杷作为珍贵果树，以川、鄂为中心向中原、华北、华南、华东各个方向呈辐射状传播，遍植于各名园中。唐宋时期，四川、湖北、陕南和江浙已是枇杷主产区，明清始福建和安徽渐次成为主产区。

枇杷大约 12 世纪传至日本，即由日本赴长安（今西安）的留学僧于 1180 年带回日本。据已有中文和日文资料记载：中国明代与日本江户时代相交集的 17 世纪初，日本从中国引入枇杷（称为"唐枇杷"，"唐"指中国，并非指朝代）。1784 年，瑞典植物学家 C.P. 通贝里在日本发现枇杷，按系统分类法将枇杷命名为蔷薇科欧楂属日本种。同年，法国人从中国广东将枇杷引入法国巴黎国家植物园。1787 年，英国皇家植物园（邱园）也从中国广东引进枇杷。1822 年，英国植物学家 J. 林德利修正了欧楂属，根据枇杷有多茸毛花序的特点，重新设立了枇杷属，种名沿用日本种。19 世纪中叶，枇杷由西欧传至地中海沿岸诸国。1867 ～ 1870 年传入美国。至 21 世纪枇杷已传遍世界，分布在 30 多个国家，并形成东亚至南亚、地中海沿岸以及南美三大栽培区。

◆ **种质资源**

枇杷属植物有较丰富的种质资源，中国已查明的有 20 个种或变种、变型；东南亚有 6 个种类，此外尚有约 10 个种类尚未查明，不排除同物异名或错命名等情况。已知的枇杷属植物均尚处野生状态，果实均可食，椭圆枇杷和齿叶枇杷果实大小与栽培的普通枇杷相若，窄叶枇杷和小叶枇杷等果皮为红色，多种野生枇杷是栽培枇杷的潜在砧木。

华南农业大学园艺学院设有枇杷属植物种质资源圃，种植保存已查明的有 26 个种类。中国栽培枇杷的种质资源数量甚多，有数百个品种，国家龙眼枇杷种质资源圃设在福州（福建省农业科学院果树研究所内），种植保存绝大部分的品种资源。

栽培枇杷有一定的品种多样性，也有一定的共性。共性优点有成熟季节佳、果肉柔软、多汁、美味等。共性缺点是枝疏芽少，导致结果枝组少，产量不高；种子多（相对桃、李而言）且大（相对苹果、梨而言），导致果实可食率不高；根系较浅，吸肥力差，易倒伏等。认识这些缺点，可以更好地服务于枇杷品种改良。枇杷基因组大小约为 750 兆碱基对，基本上都是二倍体，但小种子萌发的小苗有低概率的三倍体和四倍体。枇杷与大多数苹果亚科果树同为多年生木本果树，但有两个突出的特点：①花果期不同，不是"春花秋实"，而是"秋花春实"。②不是落叶果树，而是常绿果树。

枇杷经济性状多为数量性状，果重、果形、综合品质属于数量性状遗传，杂种有广泛而连续的分离；果实肉色则可能是不完全显性遗传。在枇杷育种方面，杂交育种已成主流，早钟六号的育成和推广是重要标志；倍性育种取得重大进展，已育成华金无核 1 号等品种；实生选种和芽变选种仍有应用，尤其是在白肉新品种选育方面。浙江、江苏、福建、重庆、广东都已选育出新品种。

◆ 形态特征

枇杷根系较浅，根冠比小，需要挖大穴（沟）并扩穴，才有利于根系生长。枇杷一年多次抽梢，春夏秋冬均可抽梢，在南亚热带春夏可抽两次梢，但在中国江浙和内陆北缘地区一般不抽冬梢。春梢和夏梢的主枝和侧枝均可成为结果母枝。枇杷花芽分化与其他苹果亚科果树一样是夏秋分化型，但无须休眠可直接成花。枇杷花穗自肉眼可识别始，约经 1 个月开始开花。开花最适温度为 11 ～ 14℃，在 10℃ 以下花期延长。全树花期在福建不超过 2.5 个月，在浙江为 3 ～ 4 个月以上。江浙枇杷果农常将枇杷花分为 3 批，即头花、二花和三花；三花最少受冻，但果小。枇杷谢花后子房与花托共同发育成幼果。幼果纵径增长快速，之后转为横纵径同步增长。整个果实生长发育期为 4 个月左右。在枇杷种植区北缘，枇杷在谢花后须经一个幼果滞长期，该时期可能长至 2 个月，待 3 月气温回升，幼果才开始生长。在滞长期内幼果受冻的可能性较大。枇杷芽少枝疏，但每个枝条都可以成为花序，每个花序可达 100 多朵单花，因此必须疏花疏果，否则果实大小不一，品质差。

◆ **主要种类**

枇杷品种按果肉颜色分为黄肉和白肉两大类，江浙一带历史上把枇杷分为红沙枇杷和白沙枇杷，可能受其影响，中国曾将枇杷分为红肉和白肉两类。实际上，红肉的栽培枇杷稀有乃至不存在，因此中国枇杷学界将枇杷分为黄肉和白肉，白肉枇杷由于色素含量等原因，鲜食品质、口感等普遍优于黄肉品种。枇杷品种还可按栽培区域分为北亚热带种群和南亚热带品种群，按果实大小

枇杷的果实剖面和种子

分为大、中、小型果。教科书上通常采用综合分类法，将枇杷品种分为白肉型、黄肉大果型（以解放钟、早钟六号、大五星和龙泉 1 号等品种为代表）、黄肉中果型（多数品种）。黄肉品种通常产量更高。

◆ **栽培管理**

枇杷多采用嫁接繁殖，砧木多为本砧，采用劈接和切接，成活率高。中亚热带和南亚热带一般在新年与春节之间嫁接最为适宜，其他季节亦可；江浙、内陆栽培北缘地带以春末寒冷季节过后嫁接为好。嫁接的砧木方面，中国苏州历史上有采用其他属的石楠作砧木的传统，地中海沿岸有采用榅桲和火棘等异属植物作砧木的。野生植物作砧木抗性较强，但有延迟结果等弊病。已有试验采用野生种枇杷作砧木，它们既不是本砧，也不是异属，而是种间嫁接，大多数组合嫁接亲和性好，有望成为栽培枇杷的良好砧木。实生繁殖只用在砧木苗上。有关于茎尖培养获得苗木成功报道，但可能由于有加长童期的现象或者生产上短期内还未有大量苗木的需求，因此在实践上鲜有应用。

枇杷建园以坡地为佳，忌洼地积水。山地要挖穴填肥覆土，创造透气疏松土壤条件。栽植密度因品种不同而异，一般以封行为宜。枇杷定干约在 70 厘米为宜，整形有三四个主枝，拉枝促成矮冠，便于树体管理。疏花、疏果和套袋是枇杷稳产和优质栽培的关键技术，需要耗费大量人力成本。业界正在寻求出路，包括轻简化栽培技术、选育省工省管理的品种、观光枇杷园业态等。

直至 20 世纪末，枇杷都被认为是病虫害较少的果树，但随着 21 世纪四川、福建等地枇杷较大面积的发展，一些枇杷病虫害逐渐频繁出现，包括叶斑病、炭疽病、枝干腐烂病等病害，梨小食心虫、天牛、果蝇等害虫。防灾减灾方面最值得关注的是寒害，幼胚发育期的幼果极易受冻，特别是疏果之后若遭受冻害则损失较为严重；沿海地区则有台风危害枇杷树。涝灾主要出现在建园不当的枇杷园。

◆ **贮藏与加工**

由于枇杷鲜果是售价较高的水果之一，且枇杷疏果后产量已很低，因此枇杷很少有次果。枇杷鲜果原料价高，对其进行加工很难获利。在贮藏方面，由于枇杷是一年中最早上市的水果，从春到夏上市的枇杷鲜果价格必然一路走低，因此南方早熟的枇杷往往不用贮藏，只有北缘的枇杷鲜果值得贮藏。尽管如此，学者们还是对枇杷的贮藏、加工做了很多基础性研究，其应用取决于不同时期的社会经济条件，如20世纪80年代浙江黄岩用洛阳青品种生产了大量枇杷罐头，效益甚好。

◆ **价值**

枇杷果营养价值高。每100克果肉中一般含可溶性固形物（TSS）9.0～13.0克、蛋白质0.4～0.5克、脂肪0.1～0.2克、碳水化合物7.0～10.0克、类胡萝卜素1.8毫克、维生素C 3毫克。枇杷果除鲜食外，还可制作罐头、果汁、果胶、果酱、果膏、果露。果肉与种子可酿酒。果、花、叶、树皮可入药。枇杷叶具有润肺止咳、清热利尿的功效，其抗肺炎、抑制肺癌的作用尤为引人关注。

枇杷枝粗叶绿、浓荫如幄、四季常青，在四川和福建等枇杷主产区具有重要的生态价值。枇杷还是优良的庭院和绿化树种及高产蜜源植物。

◆ 新业态

枇杷成熟于春末夏初水果淡季，鲜果售价较贵。枇杷树结果早，定植后 3～4 年投产，较稳产，经济效益较好。枇杷投入劳动力较多，劳动力成本已占枇杷生产成本的 60% 以上，随着劳动力

枇杷观光采摘园

价格迅速升高，种植枇杷的效益也因此受到很大影响。发展观光采摘枇杷园，早春尝鲜、春游品果，已成为枇杷发展的新业态。

荔 枝

荔枝是无患子科荔枝属常绿乔木，又称中国荔枝，是无患子科荔枝属唯一栽培种，荔枝属另一个种菲律宾荔枝处于野生状态，不堪食用。

荔枝是典型的亚热带常绿果树，分布在中国南方北纬 18°～31°，但主产区在 22°～24°30′，以中国广东、广西、福建、海南、四川、云南和台湾等地较多，贵州和重庆也有少量栽培。据不完全统计，中国 2023 年荔枝种植面积为 753 万公顷，总产量 309.7 万吨。荔枝产业作为中国热带、亚热带地区农业支柱产业之一，是中国热带地区农民重要的经济来源。荔枝是中国鲜果在国际市场享有明显竞争优势的水果种类之一，在全球市场深受欢迎。

◆ **栽培历史**

荔枝起源于中国南部的亚热带地区。中国是世界上栽培荔枝最早的国家，至少有 2400 多年历史。荔枝最早的名称是"离支"，见于公元前 2 世纪汉代司马相如的《上林赋》，有"答沓离支，罗乎后宫，列乎北园"的记载。据东晋《西京杂记》记载，汉高祖刘邦称帝时（前 206 ～ 前 195），南越王"尉佗献高祖鲛鱼、荔枝"。《南方草木状》引《三辅黄图》记载："汉武帝元鼎六年破南越，建扶荔宫。扶荔者，以荔枝得名也……"汉武帝设郡扶荔，辖今广东、广西大

荔枝

部和越南北部；可见 2100 多年前，广东、广西和越南北部荔枝栽培已很兴盛。宋蔡襄撰植物书《荔枝谱》载："闽中唯四郡有之，福州最多，而兴化军最为奇特，泉、漳时亦知名。"海南岛远离中原，海南荔枝的有关记录及至南宋庄季裕《鸡肋编》里始有"海南有无核荔枝一株"的只言片语。总之，古时中国种植荔枝的地方属偏远之地，直到岭南被开发，荔枝才逐渐为中原人所知。唐玄宗后期，宰相张九龄写了一篇《荔枝赋》，使荔枝的美名广为人知；唐代诗人杜牧脍炙人口的诗句"一骑红尘妃子笑，无人知是荔枝来"，更使荔枝家喻户晓。

荔枝传播至其他国家始于 17 世纪末，最早传入与中国云南接壤的缅甸。1798 年荔枝从缅甸传到印度，随后传播到尼泊尔和孟加拉国。

19世纪初，荔枝传播到南半球。300多年来，荔枝已遍布全球亚热带地区的20多个国家，但90%以上的栽培面积和产量主要集中在中国、印度和越南3个国家。

◆ 种质资源

荔枝有较丰富的品种资源，《中国果树志·荔枝卷》（1998）记载的品种品系和单株达222个。国家果树种质广州荔枝圃设在广东省农业科学院果树研究所，种植保存有400多份种质资源；农业农村部在华南农业大学建有国家瓜果改良中心荔枝分中心，专门从事荔枝品种改良工作；还在海南省农业科学院热带果树研究所、广西壮族自治区农业科学院园艺研究所和四川省泸州市农业科学院分别建有荔枝种质资源创新基地。21世纪以来，通过实生选种方法，共选育出近30个省级审定（登记）和6个通过全国热带作物品种审定委员会审定的新品种（贵妃红、井岗红糯、马贵荔、红绣球、岭丰糯、观音绿）；在公益性行业（农业）专项（2007～2010）以及其他国家级重大专项，特别是2009年启动的国家荔枝产业技术体系支持下，杂交育种正持续有序开展，已获得大量的杂交群体和优良单株（株系或品系）。

荔枝基因组大小约为470兆碱基对，基本上都是二倍体。经济性状多为数量性状，已知果重、果形、综合品质等属于数量性状遗传，杂种有广泛而连续的分离。

◆ 形态特征

荔枝的主干、主枝、侧枝一起组成荔枝树树冠的骨架，统称为骨干枝。嫁接繁殖的荔枝树主根发达，根群深广，有粗大的主枝3～5条。

空中压条繁殖的树缺乏主根，侧根盘生，分布较浅；呈多干型，分枝低，干高不明显。新梢上的分支根据其发生的季节可分为春梢、夏梢、秋梢和冬梢，以秋梢作为结果母枝。荔枝叶多为偶数羽状复叶，互生或对生，由 2～4 对小叶组成，叶披针形、长椭圆形或倒卵形。果实为具假种皮果实，圆形、卵形或心形等，成熟时果皮多数为鲜红色或紫红色。花芽分化时期，与品种、地区、气候条件及结果母枝的发育状态有关。早熟品种花芽分化早，晚熟品种花芽分化迟；同一品种种植在纬度低的地区比纬度高的地区花芽分化早。例如，广州的早熟种三月红、中熟种黑叶和晚熟种糯米糍的花芽分化期一般分别为 10 月上中旬至 1 月中下旬、11 月上中旬至 2 月中下旬、12 月上中旬至 3 月下旬。荔枝花穗为复总状圆锥花序，由花轴上着生侧穗、支穗和小穗组成。荔枝的花是雌雄同株异花，有雌能花、雄能花、两性花和畸形花 4 种类型；同一花穗中雌雄花不是同时成熟开放的，一般是先开少量雄花，再开雌花，最后又开雄花。荔枝雌花为二裂子房，授粉受精完成后，通常是其中一室发育，另一室萎缩。荔枝果实生长发育期，从授粉受精完成算起需要 80～100 天。荔枝花多果少，素有"荔枝爱花不惜子"之说，荔枝的落花、落果依品种不同有 3～4 次生理高峰期，一般最终坐果率只有 1%～5%。有的品种如糯米糍和无核荔，在果实采收前 10～15 天还会发生严重的采前裂果现象。

◆ **主要类型**

荔枝种质按照成熟期归为早熟、中熟和晚熟 3 类。以广东地区的成熟期为例，在 6 月中旬之前成熟的，归为早熟品种；6 月下旬至 7 月中旬成熟的，归为中熟品种；7 月中旬之后成熟的，归为晚熟品种。根据国家荔枝优势区域规划，全国荔枝产区划分为早熟荔枝优势区（含海南和广东湛江与茂名）、中晚熟荔枝优势区（含粤中、粤东、闽南、桂南地区）和晚熟荔枝优势区（含闽北和四川泸州等地）。这种按照成熟期划分品种类型的方法有较大实用价值。以成熟果实中部果皮上龟裂片和裂片峰的主要特征作为分类的标准，可把荔枝品种分为果皮龟裂片尖突类型、果皮龟裂片隆起类型和果皮龟裂片平坦类型等三大类。在大类型之下，还可根据果实形态、花序、叶形、果肉品质等，把荔枝分成品种组或品种类型。同工酶、随机扩增多态性DNA（RAPD）、扩增片段长度多态性（AFLP）等生物化学或分子标记技术在鉴别同物异名和同名异物研究中起到一定作用，但因采用资源数量受限，可能需要积累更多的资料才能完成归类工作。

◆ **栽培管理**

荔枝多采用嫁接繁殖，也可采用空中压条繁殖。一般选择"淮枝"作为砧木，接穗应从品种优良纯正、生长健壮的优良植株上选取。荔枝嫁接方法有芽接和枝接两类。枝接的接穗是带有芽眼的一段枝条，带木质部，包括合接、切接、劈接、舌接、嵌接等。枝接中切接是荔枝的主要嫁接方法，一般以在 2 ～ 4 月嫁接为佳。供空中压条育苗的枝条要求枝身较直，生势健壮，以 2 ～ 3 年生枝条、粗 1.5 ～ 3 厘米为宜。上泥包薄膜后，圈枝苗春驳经 60 ～ 80 天，秋驳经 150 ～ 200 天发出第三次根后，细根密布时即可把苗从母树上剪下。

选择 20°以下山地丘陵缓坡地或平地建园，并做好分区、道路、排灌、施肥和管道喷药等方面的果园规划。整地和改土工作应在种植前 6 ～ 12 个月内完成。根据品种区域化、良种化的要求，正确选择品种。定植时期一般分春植（每年 2 ～ 5 月）和秋植（每年 9 ～ 10 月）。建园时一般采用计划密植（400 株 / 公顷或 630 株 / 公顷，株行距分别为 5 米 ×5 米和 4 米 ×4 米），8 ～ 12 年后实施间伐。

幼龄荔枝园的耕作多结合间作作物管理同时进行，主要包括施肥、淋水与排水、松土改土、间种和覆盖以及整形修剪等。荔枝树的整形工作以着重培养 3 ～ 4 个主枝和开心形树冠为目标。结果树的管理在做好常规土肥水管理的基础上，适时培养健壮的结果母枝、控制冬梢促进花芽分化、加强授粉提高坐果率、减轻生理落果和裂果是夺取荔枝丰产稳产的几个关键环节。环割或螺旋环剥是常用的控梢促花和保果的物理措施。此外，乙烯利和多效唑用以控梢促花，2,4- 滴、赤霉素和萘乙酸用以保花保果。

荔枝是长寿果树，未发现导致荔枝毁灭性的病虫害。在生产中，主要做好荔枝蛀蒂虫、尺蠖、椿象、荔枝霜疫霉和炭疽病等少数几种病虫害的防治工作。

◆ **采收与贮藏**

荔枝最佳食用成熟度是荔枝充分成熟时。对产地销售的荔枝来说，以九成以上的成熟度为佳。如果要进行长途运输，以八成熟的荔枝为好。荔枝采后处理包括挑选、分级、包装、预冷和常规杀菌剂处理等几个工序。包装前要先进行挑选、分级，剔除病果、虫果、带褐斑果、过青或过熟果、小果和畸形果等。荔枝的包装基本上是采用人工包装，常用容器有竹箩、纸箱、泡沫箱、塑料箱等。预冷的方法有多种，生产中常用的有冰水预冷、冷库预冷、空调房预冷、阴凉棚预冷等，其作用是迅速降低田间热，延长贮藏期。短距离销售的荔枝一般不做杀菌剂处理。产地销售一般采用常温贮藏运输方法，较远距离的销售（如有3天左右车程）则需要采用低温贮运方法；如果是出口，则要根据进口国的技术要求进行。

◆ 价值

荔枝果肉含有丰富的糖类、粗纤维、有机酸、蛋白质、氨基酸、维生素、胡萝卜素及矿物质，是滋身健体的补品。明李时珍著《本草纲目》载："常食荔枝，能补脑健身，治疗瘰疬疔肿，开胃健脾，干制品能补元气，为产妇及老弱补品。"荔枝除可鲜食外，果实还可用于制荔枝干、果汁、糖水罐头和酿酒等。荔枝蜜是蜜中上品。荔枝树干纹理细致坚实，耐潮防腐，是制作家具的优良用材。

荔枝是中国南方亚热带地区广泛栽培的特产果树，经济价值高，经济寿命长。一般种后3～5年开始投产，10年后每公顷产量可达6～8吨，20年后可进入盛产期，每公顷产量可达12～15吨。广东、广西和福建不乏千年古荔，蔚为奇观，有的古荔仍能正常开花结果。荔枝枝叶茂密，四季常青，树冠半圆至自然圆形，树姿美丽，也是南方重要的庭院和绿化树种，具有重要的生态价值。

◆ 新业态

荔枝具有经济、生态、文化等多重价值，"稳面积、调结构、提质量、保增收"是中国荔枝产业发展的重要目标，"生产标准化、管理集约

化、产品优质化、经营产业化、销
售品牌化"是荔枝产业的重要发展
方向。随着社会经济的发展，荔枝
业界呈现如下新业态：一是荔枝产
业正处于由数量规模向质量效益转
型期，产量和效益则呈现不断上升
的趋势，这一趋势将得到继续巩固
和提高。二是通过高接换种调整和
优化品种结构，降低大宗低值黑叶
和淮枝品种的比例，增加优质早熟

荔枝果汁

和晚熟品种比例。三是水肥一体化、轻简机械化、病虫害防控绿色化、
冷链物流保鲜等技术不断融入荔枝园的日常管理中，使荔枝产业的现
代化水平得到显著提升。四是以"能人牵头、自愿加盟、规范运作"
为特征的荔枝生产和销售合作社组织越来越壮大，使荔枝产业组织化
程度得到显著提高。五是"荔枝＋互联网""荔枝＋文化""荔枝＋
旅游""荔枝＋教育""荔枝＋康养"等新型产业要素的融合继续扩
大和深入，以更好地满足人们的需求。

山　楂

山楂是蔷薇科山楂属植物的总称。全世界蔷薇科山楂属植物约有
1000 种，均为多年生落叶灌木或乔木，分布在北半球北纬 20°～60°
的亚洲、欧洲和美洲等地。

◆ **种质资源**

中国原产并有明确记载的山楂属植物有 20 个种、7 个变种。20 个种包括羽裂山楂、伏山楂、毛山楂、光叶山楂、辽宁山楂、北票山楂、光萼山楂、橘红山楂、甘肃山楂、裂叶山楂、阿尔泰山楂、准噶尔山楂、陕西山楂、山东山楂、湖北山楂、野山楂、华中山楂、云南山楂、滇西山楂和中甸山楂。7 个变种包括羽裂山楂的大果变种、无毛变种、热河变种，毛山楂的宁安变种，湖北山楂的黄果变种和野山楂的匍匐变种及长梗变种。

约 2500 年前中国开始采集利用山楂，700 年前开始栽培利用山楂。作为果树栽培的主要是羽裂山楂大果变种，少量栽培的有伏山楂、云南山楂和湖北山楂，其余种（变种）处于野生状态。

◆ **形态特征**

山楂属植物的树姿有直立型、开张型、下垂型、矮化型等。枝条上通常有枝刺，稀无刺。一年生枝颜色有灰白色、黄棕色、黄褐色、红褐色和紫褐色。山楂的芽分为叶芽与花芽；花芽为混合芽，芽体大，扁圆形。叶片形状和叶片裂刻深浅不同，种间差异较大。伏山楂、湖北山楂叶片为卵形，云南山楂叶片为卵状披针形，野（楔叶）山楂叶片为卵状长圆形，毛山楂、辽宁山楂、光叶山楂叶片为卵形或菱状卵形。羽裂山楂、伏山楂、准噶尔山楂叶片羽状深裂，云南山楂、湖北山楂、陕西山楂叶片羽状浅裂或不裂。叶基形状有截形、近圆形、楔形和心形。叶面有平展、抱合、反卷等伸展状态。叶背有的光滑无毛，有的密布茸毛。

山楂的花为两性花，花柱 3 ～ 5 枚，花柱四周有雄蕊 5 ～ 25 个，花瓣形状有圆形、卵圆形、椭圆形，花瓣类型有单瓣和重瓣，单瓣花通常有 5 个花瓣。花药颜色有白色、粉红色和紫红色。山楂个别品种存在花粉败育现象。花序以伞房花序为主，也有复伞房花序，有的还有副花序；每花序有花 5 ～ 40 朵。华中山楂、滇西山楂、橘红山楂的花序多密被茸毛，云南山楂、湖北山楂、陕西山楂的花序无毛。

山楂不同品种间的果实和种核性状差异明显。羽裂山楂大果变种、云南山楂和湖北山楂的果形大，直径可达 2 ～ 3 厘米；而华中山楂、毛山楂和甘肃山楂果形小，直径为 0.6 ～ 0.8 厘米。山楂果皮颜色有黑色、紫色、红色、橙色、黄色、绿色，果点颜色有灰白色、灰褐色、黄白色、黄褐色、黄色，果肉颜色有绿白色、黄白色、橙黄色、粉白色、浅红色、深红色。果实的梗洼有广浅、平展、隆起等形状，梗基特征有膨大状和一侧瘤起。萼片着生状态有脱落、残存和宿存 3 种。此外，果实中有种核 1 ～ 5 个，不同种类间种核两侧有无凹痕也不同。

◆ **生长习性**

多数山楂属植物为浅根性树种，主根不发达，侧根多分布在 50 厘米以内，以 20 ～ 40 厘米的土层中分布最多。山楂花序的中间花先开，通常在开放第二天即进入盛花期。单花开放可延续 2 天，一个花序从初开到花瓣脱落为 4 ～ 6 天，单株花期为 8 ～ 10 天。山楂具有异花、自交和单性结实能力，但自花结实率很低，仅 5% ～ 15%。自然异花授粉的花朵坐果率可达 30% ～ 50%。总体来看，山楂花序坐果率高，花朵坐果率低。初花后一周形成落花高峰，初花后两周出现幼果脱落，约一周为集中脱落期。山楂果实的生长型属于典型的双 S

形，即两个迅速生长期之间有一个缓慢生长期。山楂属植物的结果母枝可分为长、中、短3类，还可分为具有顶芽的结果母枝和不具顶芽的结果母枝两类。

栽培山楂的幼树结果早，苗木定植后如不定干，有的当年就可结果；通常栽植第三年大部分可以结果，第四年全部结果，管理条件好的密植园4～5年即可丰产。栽培山楂的果枝率在40%～50%时，其产量稳中有升；而果枝率大于50%时，就会产生大小年现象。在一般管理条件下，栽培山楂7～8年生进入盛果初期，盛果期可持续30～50年。

◆ **栽培管理**

大果山楂生产园山楂苗木的繁育方法有嫁接法、分株法、枝条扦插法和组织培养法。栽培山楂所使用的苗木主要是嫁接苗，所使用的砧木主要是羽裂山楂实生苗。由于羽裂山楂的种核骨质坚硬，因此层积处理的时间很长，通常需要经历两冬一夏后才能播种。此外，生产上也可以利用辽宁山楂、毛山楂、甘肃山楂、野山楂、软核山楂等进行嫁接育苗，但应用很少。嫁接育苗的方法以丁字形芽接、嵌芽接和劈接为主。

建立果园时，除选好适宜地点外，一般山地果园株行距为（2～3米）×（3～4米），平地果园株行距为（3～4米）×（4～5米）。此外，多数山楂品种需要异花授粉才能结实良好，而且对授粉品种有选择性，需要配置适宜的授粉品种。在株距3～4米、行距4～5米的集约栽培园，在树形上宜采用自由纺锤形、小冠疏层形或自然开心形。

山楂的果实

　　大果山楂建园后，土层深厚的果园可改良土壤质地，加深活土层，提高土壤肥力；土层瘠薄的果园和沙滩果园要深翻改土或深翻客土，加厚土层。深翻可在定植后的第二年开始，于春季发芽前或秋季采果后封冻前进行，一般秋季深翻较好；深翻深度通常在 60～80 厘米。除深翻外，要在春、夏、秋三季进行树盘松土，除虫保墒，并结合松土随时刨除地下根蘖；松土深度通常 20 厘米左右，秋季应适当深些，春夏浅些。

　　果园基肥以有机肥为主，并加入适当磷肥和氮肥；施肥量根据土壤肥力、树势、树龄等综合条件决定。通常采用环状沟、放射状沟或条沟等方式施入。施用追肥通常采用土壤追肥和叶面喷肥相结合。①土壤追肥。视不同情况可进行 2～3 次，其中春季发芽前追肥自树液开始流动至芽萌动期施入，花前追肥在花前 1～2 周内施入，这两次施肥以氮肥为主；促果肥在果实第二次速长期施入，大约在 8 月中下旬，以磷、钾肥为主，氮、磷、钾肥同时施入。②叶面喷肥。

花前可喷施 0.5% 的尿素溶液，能提高坐果率 10% 左右。6 ～ 7 月可结合喷药喷施 0.3% ～ 0.4% 的尿素，8 月喷施 0.5% 的磷酸二氢钾，每次喷施间隔 20 天。叶面喷肥宜在上午 10 时之前或下午 4 时之后进行。尽管大果山楂属于耐旱树种，但良好的生长发育也需要适时足量的灌水。一般每次施肥后必须灌水，如催芽水、花前水、花后水和保果水等。此外，春旱时多灌水，秋施基肥后灌透水，封冻前灌封冻水。

在花果管理上，10 年生以上进入盛果期的山楂树在生长发育正常的情况下，每公顷产量应控制在 30 ～ 37.5 吨，最多不超过 45 吨。此外，在山楂盛花期喷布 50 ～ 100 毫克 / 升的赤霉素溶液即可使花朵坐果率平均增加 10% 以上，还可增大单果重，提高产量，是山楂生产的关键技术措施之一。

山楂的虫害防治是山楂生产中的一项重要工作，为害山楂的害虫达 200 余种，主要种类是鳞翅目、鞘翅目、同翅目、半翅目和蛛形纲的昆虫。其中，以鳞翅目的食心虫发生最为普遍、危害程度最重，其次是食叶性毛虫类、介壳虫、山楂红蜘蛛及枝干害虫。山楂病害种类较多，常发病害主要有白粉病、锈病、叶斑病、花腐病、果腐病、枝枯病等，做好病害防治工作对于山楂生产也是非常必要的。

◆ 价值

栽培山楂的果实除可以少量鲜食外，主要用于生产加工产品。多数山楂种类的花、果、茎、叶、根均可以干品形式入药或制备中成药。山楂果具有降血脂、降血压、强心、抗心律不齐等作用，同时也是健脾开胃、消食化滞、活血化痰的良药，对胸膈脾满、疝气、血淤、闭经等症有很好的疗效。山楂内的黄酮类化合物牡荆素，是一种抗癌作用较强的药物，其提取物对抑制体内癌细胞生长、增殖和浸润转移均有一定的作用。此外，山楂树还是良好的生态树种和园林绿化树种。

杨 桃

杨桃是酢浆草科阳桃属小乔木，又称阳桃、洋桃、五敛子。杨桃是热带常绿果树。该属还有一种多叶高酸杨桃，仅中国台湾地区有少量试栽。

◆ 栽培历史

杨桃原产于印度或越南。中国已有2000多年的栽培历史，东汉时（1世纪）粤人杨孚撰《南裔异物志》已有帘（杨桃古称帘）的记载，其后在《广志》《南方草木状》《广州记》《齐民要术》《本草纲目》《广东新语》《南越笔记》等历代古书和地方物产志中均有记述。

在中国，杨桃分布于广东、广西、福建、台湾、海南及云南等地。广东以广州市郊栽培多而集中，此外高州、湛江、江门、佛山、潮汕、惠阳等地栽培也很普遍。台湾主要分布在中南部平地，以彰化县最多，次为南投及苗栗县。广西桂平、平南、南宁市郊，福建漳浦、云霄、诏安、平和、长泰，以及海南琼山、文昌等地栽培较多。栽培杨桃较多的国家还有泰国、印度、马来西亚、印度尼西亚、越南、菲律宾、澳大利亚、巴西等国。美国佛罗里达州南部，太平洋岛屿中的关岛、夏威夷等地也有少量栽培。

◆ 品种类型

普通杨桃有酸杨桃和甜杨桃两个类型。①酸杨桃。一般树形高大，枝条略向上举，小叶比甜杨桃多，达 12 对；花序稍大，花色较浓紫；果形瘦削，果顶部稍尖，肉质较粗而味酸；但抗逆性较强，丰产，常作砧木或加工用。②甜杨桃。为主要栽培种。中国广东产区的品种有崛督、尖督、刘十杨桃、周家种、林泉嘴、金钱杨桃、马来西亚 B17、马来西亚 B10 等，崛督甜杨桃丰产优质，尖督甜杨桃抗逆性较强，刘十杨桃果大、早熟。台湾地区品种有蜜丝种、二林种、白丝种及南洋种等，品质以蜜丝种最佳，栽培以二林种最广。广西和福建的品种大都由广东引进。福建主要种植香蜜、台湾软枝、马来西亚 B17、马来西亚 B10、台农 1 号、红龙（或红藤）、泰国种等优良品种。

◆ 形态特征

杨桃为常绿小乔木，南亚热带为半常绿小乔木。高 5 ～ 12 米，树冠开张。主根入土 1 米以上，侧根粗壮，须根多，吸收根通常分布于 10 ～ 20 厘米的土层中。春暖后连续抽 5 ～ 6 次新梢，枝条软垂；春梢及 2 年生的下垂枝是主要结果枝，老枝和树干也能抽出花穗结果。叶为奇数羽状复叶，互生，长 10 ～ 20 厘米，小叶 5 ～ 13 片，7 ～ 11 片居多，卵形至椭圆形，长 3 ～ 7 厘米，宽 2 ～ 4 厘米，不对称，具短柄，先端渐尖，基部偏斜，背面有疏毛或无毛。花为总状花序，花小，近钟形，浅紫红色，萼、瓣均 5 片；雄蕊 5 ～ 10 枚；雌蕊 1 枚，子房上位，5 室，柱头 5 裂，离生。花期 4 ～ 12 月，持续开花 4 ～ 5 次，花果重叠，花梗及花蕾初始呈暗红色，盛开时粉红色或白色，略向背卷。果期 7 ～ 12

杨桃的叶和花

月，肉质浆果，卵状或长椭圆状，纵径 6.3 ～ 9.1 厘米，横径 4.6 ～ 6.2 厘米，通常 5 棱，很少 6 或 3 棱，横切面呈五角星状。果皮薄而光滑，未熟时青绿色，完熟后淡绿色、蜡黄色或红黄色，有时带暗红色。种子褐色或黑褐色。

◆ 生长习性

杨桃为热带亚热带果树，喜高温多湿，不耐寒，0℃以下幼树会冻死，4℃以下嫩枝受冷害，10℃以下生长不良，但阴雨过多易引起烂根，新叶黄落。喜阴，怕强烈日晒，易受风害，建园时应适当荫蔽防风，忌强烈日光直射，土壤以微酸性至中性、土层深厚疏松的壤土或沙壤土为宜。

◆ 栽培管理

杨桃繁殖一般用嫁接法育苗，采用靠接、切接、劈接和补片芽接均可。砧木宜采酸杨桃的种子，洗去胶质，阴干，于 10 月前秋播或保存至次年 2 ～ 3 月春播。秋播要护苗越冬，春季分床，当苗高 50 厘米以上、茎粗 1 厘米左右即可嫁接，每年 3 ～ 8 月均可进行，以清明至

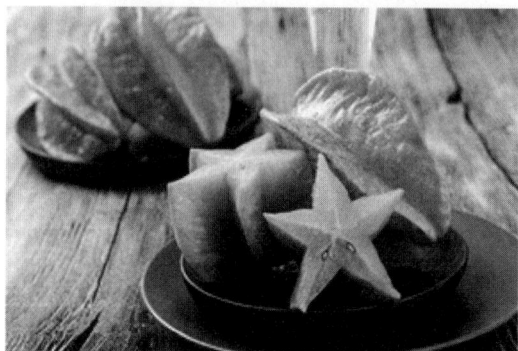

杨桃的果实

小满最为合适。选用生长充实、已木质化的一年生枝条，截取带有 2～3 个饱满芽的短枝作为接穗。种植方式每一大畦种单行、双行或三行，株行距 5～6 米，每公顷种 300～360 株，于 3～4 月栽植。成年树施肥宜于春梢前、小果期、采果后及越冬前进行。幼树着重整形，青壮年树宜疏除树冠上层营养枝以抑制生长，老弱树则培养树冠上部枝条以荫蔽树干，并充分利用徒长枝填补树冠空位和更新老枝。修剪时一般留 1～2 厘米长的枝桩，使其抽枝结果。为提高坐果率，每小枝留 2～3 个花穗，每花穗留 1～2 果。

　　杨桃的结果期应在树冠四周采用竹木支撑结果枝群，预防风害。为防止果面病虫伤害，可对果实进行套袋保护。主要害虫有鸟羽蛾幼虫，为害花果，酷热天气危害最重；黑点褐卷叶蛾幼虫蛀食果肉；果实蝇及毒蛾幼虫等为害果实。冬季清园是防治病虫害的关键性措施。病害有危害叶片的赤斑病和危害果实的炭疽病。

◆ 贮藏与加工

　　杨桃成熟期一年有 3～4 次，除远销的杨桃在果实由青绿色转变为浅绿色时采收外，一般应在果实呈红黄色时采收。由于杨桃皮薄肉脆，具棱角，容易损伤，因此在采收、加工及贮藏过程中要注意轻采、轻放，避免机械损伤。酸杨桃果大而味酸，俗称三捻；较少生吃，多加工成干果或作烹调配料；甜杨桃供鲜食，也可制蜜饯、果脯、果膏、罐头、果汁、果酱、果酒或果醋等。

◆ 价值

杨桃经济价值高、营养丰富、鲜食加工均可，且具有一定的药用价值。每百克杨桃含糖10～11.6克、酸0.73～0.78克、蛋白质0.71～0.72克、脂肪0.73～0.75克、纤维1.28克，还含有大量的维生素、胡萝卜素、硫胺素、核黄素、烟酸、抗坏血酸及微量的钙、磷、铁等元素。叶、果、花、根和树皮均可入药，《本草纲目》记载："杨桃可去风热、生津止渴、解酒毒、治黄胆、赤痢。"杨桃性寒，有利尿、止痛、拔毒生肌的功效，杨桃汁对咽喉炎有独特疗效。

椰　子

椰子是棕榈科椰子属唯一种。

◆ 分布

主产于热带，主要分布在热带和南亚热带地区，印度尼西亚、菲律宾、印度、斯里兰卡、泰国、马来西亚、巴布亚新几内亚及斐济等90多个国家或地区均有分布。在中国主要分布于北纬16°～22°，海南、广东雷州半岛、广西合浦地区、云南西双版纳和河口地区、福建厦门和漳州地区，台湾南部地区亦有种植，但以海南的椰子生长最旺盛、产量较高。

◆ **形态特征**

椰子为常绿乔木，树干挺直，高 15～30 米，单顶树冠。叶羽状全裂，长 4～6 米，裂片革质，线状披针形，长 65～100 厘米，宽 3～4 厘米，先端渐尖；叶柄粗壮，长约 1 米。佛焰花序腋生，长 0.5～1 米，多分枝；雄花具萼片 3，鳞片状，长 3～4 毫米，花瓣 3，革质，卵状长圆形，长 1～1.5 厘米；雄蕊 6 枚；雌花基部有小苞片数枚，萼片革质，圆形，宽约 2.5 厘米。果实倒卵形或近球形，顶端微具三棱，长 15～25 厘米，内果皮骨质，近基部有 3 个萌发孔（其中只有一个可发芽），种子 1 粒；胚乳内有一富含液汁的空腔。成龄树每年产生约 12 片叶，抽花苞 10～12 个，全年开花，果实成熟约需 12 个月。

◆ **生长习性**

椰子喜高温、多雨、阳光充足、年平均温度 24～25℃以上、温差小、全年无霜环境，且年降水量 1500～2000 毫米及以上。适宜在低海拔地区的滨海、河岸冲积土、沙壤土和砾土种植。地下水位要求 1.0～2.5 米，具备较好的水肥条件，土壤 pH 为 5.2～8.3。抗风性强，12 级以下强台风对椰子生长无太大影响。

◆ **栽培管理**

椰子主要栽培品种为高种、矮种和杂交种，其中高种茎高、果大，矮种茎矮、果小，而杂交种通常是高、矮种的杂合，是一种中间

椰子

类型。世界各国均以发展高种椰子为主，是产品加工材料的主要来源。高种椰子每公顷 165 ～ 180 株，株行距 8 米 ×8 米；矮种椰子每公顷 225 ～ 240 株，株行距 6 米 ×6 米；杂交种每公顷 165 ～ 195 株，株行距间于高、矮种之间。种果放在通气、荫蔽和干燥处 20 ～ 30 天。催芽圃要求半荫蔽、通风、排水良好，耕深 15 ～ 20 厘米，开沟，将种果斜靠沟底 45°，埋土至果实的 1/2 ～ 1/3。当芽长 10 ～ 15 厘米时，移芽到有适度荫蔽的苗圃中，苗高约 1 米便可出圃定植。在椰树施肥方面，除需常规营养元素外，通常要补充一定量的海盐，以满足其对氯、钠及镁等元素的特别需求，通过合理施肥可增产 50% ～ 150%。主要施肥方法：离茎干 1 ～ 1.5 米的范围内，开环状施肥沟，沟深 20 厘米，宽 25 厘米左右，施肥后回土填沟。在中国主要害虫有椰心叶甲、红棕象甲、二疣犀甲等；病害不多见。

◆ **价值**

椰木质地坚硬，花纹美观，可做家具和建筑材料。椰纤维可作衬垫填料、扫帚、毛刷及海上缆绳等。椰叶可用于编织,制作日常生活用品,也是日常燃料。椰花苞可割取椰花汁酿制椰花酒,或提炼椰汁糖等。椰壳可制优质活性炭,或加工成椰雕、乐器等工艺品。椰肉可制成椰干、椰奶粉、椰蛋白、椰子汁、椰蓉及无色椰子油等。椰水是天然的清凉饮料。椰子油是优质的食品及化工原料,如制皂的发泡力强可制高级香皂、牙膏及化妆品等。椰树常用作海岸、村庄防护林和园林绿化树种等。

杨　梅

杨梅是杨梅科杨梅属唯一栽培种。杨梅得名于"其形如水杨子而味似梅"(《本草纲目》),为亚热带常绿果树,栽培于长江流域及其以南、海南岛以北各地。杨梅因其独特的果实外观和风味被誉为江南珍果之一。

◆ 栽培历史

杨梅原产于中国,其中野生杨梅发源于中国西南地区,栽培杨梅则可能分别从浙江、福建和江西野生杨梅群体中选育驯化而来。20世纪80年代中期,浙江省博物馆在浙江余姚河姆渡文化遗址中发掘出杨梅种子,表明早在新石器时代人们就已经食用野生杨梅。"杨梅村""杨梅岭"等地名在中国南方各地广泛分布,也印证了早在远古时期,杨梅就已经为人们所熟悉和利用。公元前2世纪西汉司马相如在所著的《上林赋》中,描绘上林苑盛况时提及了引种的各种植物,其中就包括杨梅。此后,汉代陆贾的《南越行纪》、晋代嵇含的《南方草木状》、明代李时珍的《本草纲目》和王象晋的《群芳谱》等均记载了杨梅。
这些考古证据和古籍记载均表明，早在 7000 年前古人就开始采摘野生
杨梅，早在 2000 年前就开始栽培杨梅。

杨梅主要分布在中国，在其他国家分布极少。日本是除中国外栽
培杨梅最多的国家，主要分布在千叶县及福井县以南的沿海地带，尤
其集中于高知和德岛两县。基于分子标记的证据表明，日本的杨梅很
可能从中国引入。澳大利亚也从中国引入杨梅，并已于 2012 年供应市
场。意大利和美国加州也已成功引种杨梅进行栽培。此外，印度、越南、
缅甸、泰国及欧美一些国家也有引种，但一般仅作观赏或药用，未作
为林木或果树进行大规模栽培。

◆ **形态特征**

杨梅雌雄异株，雄株仅开花不结果，树冠高大，雌株较矮小。杨
梅从砧木播种、嫁接至幼树结果需 5 ～ 7 年，15 年左右达盛果期，
60 ～ 70 年后衰退，寿命可达百年以上。杨梅根浅，主根不明显，垂直

杨梅的叶和果实

分布以 5 ~ 40 厘米居多，水平分布约为树冠直径的 2 倍。杨梅具菌根，有放线菌共生形成根瘤，因而可生长于贫瘠土壤而无须多施氮肥。长江流域一带种植的杨梅其根系的生长活动开始于 2 月下旬至 3 月上旬，在 5 月、7 月和 9 ~ 10 月形成活动高峰。杨梅的芽为单芽，顶芽均为叶芽。杨梅幼树每年抽梢 3 ~ 4 次，成年树可抽 2 ~ 3 次。全年新梢以夏梢为主，占总梢量 60% ~ 70%，为翌年的主要结果枝。长江流域一带种植的杨梅的展叶期为 3 月下旬至 4 月上旬，寿命为 12 ~ 14 个月。春梢或夏梢停止生长后当年腋芽分化为花芽，翌年在雌株发育为结果枝，在雄株发育为雄花枝。杨梅花小，单性，无花被，风媒花。雄花为复柔荑花序，雌花为柔荑花序，均自花序上部渐次向下开放，全树花期长 40 ~ 50 天，在雌花序上往往出现花果相间现象。在长江流域一带，杨梅盛花期为 3 月初至 4 月上旬。杨梅果实结构就其种子而论与桃和梅类似，在果树栽培学上划属核果类。果实可食部分由外果皮、中果皮及内果皮外侧几层细胞发育而成的细长肉柱组成。杨梅果实发育及成熟所经历的时间为 60 ~ 70 天。在长江流域一带，杨梅果实多成熟于 5 月底至 7 月初。

◆ **主要种群**

杨梅属包括 35 ~ 50 种植物，在亚洲、非洲、欧洲、美洲均有广泛分布。中国原产的杨梅属植物主要有杨梅、青杨梅、毛杨梅、云南杨梅（又称矮杨梅）、大杨梅和全缘叶杨梅。在引入的杨梅属植物中，以蜡杨梅最为常见，主要作为杨梅的砧木或园林绿化树种利用。

根据果实色泽和栽培性状常将杨梅分为野杨梅、红杨梅、乌杨梅、白杨梅、早性梅和大叶杨梅6个品种群。栽培品种多出自红杨梅、乌杨梅、白杨梅，果实色泽深浅因所含的花青苷含量而不同。杨梅为二倍体，基因组大小为313兆碱基对。杨梅杂交育种较为困难，生产上的品种均来自实生选种和芽变选种。

◆ **栽培管理**

杨梅多采用嫁接繁殖，砧木以实生本砧为主，选择杨梅种中的野生杨梅一类为砧木。砧木种子从壮年树上采集后常以湿沙层积至春季2～3月播，播后约一二年可达嫁接要求。接穗通常采自10年生以上的健壮、稳产、优质的杨梅树外围1～2年生的枝条，去叶后裁成7厘米左右的枝段用于嫁接。杨梅嫁接多用切接法。长江流域一带大多在3月下旬到4月上旬嫁接，过迟则砧木切断后伤流多，影响成活。杨梅嫁接常采用掘接，即将砧木苗从苗地挖出，嫁接接穗后再种到新的苗地上进行统一管理。

以往杨梅栽培一般比较粗放，栽植时往往不整地，而是根据山形掘穴栽种，导致管理很不方便；后来大多修筑标准化梯田和水土保持工程，在坡度不大的山地亦实行等高线栽植。杨梅忌连作，种过杨梅的园地最好在栽植松树10～20年后再改回杨梅园。长江流域一带通常在春季定植以避免冻害，南方省份可采取秋植或春植。杨梅雌雄异株，风媒，栽植时宜配置授粉用的雄株 1% ～ 2%，但老产区通常多野生雄株，一般不必另行栽植。以往杨梅树形多采用自然圆头形和主干形，但这两种树冠对操作管理和采收都较不方便。大力推行的杨梅树形为自然开心形和疏散分层形，可以矮化树体并促使提早结果。因杨梅本身有丰富的菌根，能合成并提供自身一部分氮素，所以杨梅施肥以钾肥为主，如草木灰在生产上常有应用。杨梅一般一年施两次肥，分别在萌芽抽梢前和果实采收后。杨梅大小年现象比较严重，可通过适宜的肥水管理、修剪、大年疏花疏果和小年保花保果等措施进行调控。多效唑在控制树体徒长并促进成花上有应用，但连年应用易导致树势衰弱。

长江流域一带杨梅果实成熟时适逢梅雨季节，过多的雨水导致一部分甚至大部分果实不能及时采下而造成损失，且所采果实也不耐贮运。为避免梅雨影响，浙江和福建等主产区大力推行设施避雨栽培模式，不仅保障了采收的产量，也是优质杨梅生产的重要举措。

杨梅是病虫害较少的果树之一，以凋萎病和果蝇造成的危害相对较重。凋萎病主要表现为枝梢枯死，其病原已被鉴定为异色拟盘多毛孢和小孢拟盘多毛孢这两种真菌。对于发病严重的树体宜及时拔除烧毁，对于发病较轻的树体可采取药剂防控并加强树体管理综合防治。此外，对修剪造成的伤口及时进行涂抹保护药剂处理可减少该病发生。果蝇是杨梅的主要害虫之一，它不携带病菌，对人体无害，但可影响消费者的食用感受。生产上大多采用覆盖防虫网、杀虫灯诱杀和生物防治等手段进行控制。

◆ **采收及贮运**

同一株杨梅树上的果实成熟时间先后不一，所以杨梅采收要分期分批随熟随采。杨梅采收期也因品种不同而有差异，成熟与否可依据果实是否表现出成熟时应有的色泽特征加以判断。用于当地或近距离销售的果实可在完熟时采收，用于物流至中远地区的果实可在八成熟时采收。杨梅采收以清晨或傍晚为宜，避免在雨天或雨后初晴时采收。杨梅果实无果皮保护，采收时要轻采、轻放、轻运，以免受伤。

杨梅果实成熟于高温多雨季节，加之缺乏外果皮保护，因而货架期极短，有"一日味变，二日色变，三日色味皆变"之说。为延长杨梅物流期限，果实采收后宜迅速进行预冷至10℃以下，然后以保冷方式进行贮运，运至目的地后宜置于低温货架进行销售。预冷后的果实常按1～2千克不等装入小筐，再将2个小筐装入一个泡沫箱，泡沫箱封口前在筐之间放入一定量的经-18℃预先冰冻的蓄冷冰袋以维持运输过程的适宜温度。同时，为避免泡沫箱内湿度过高导致果面带水，可在泡沫箱内放置一定量的吸湿剂。采用上述措施，杨梅物流期限常可达7～10天。

◆ **价值**

杨梅具有较高的营养与药用价值，《本草纲目》等古籍记载杨梅果实有生津去痰、止咳、和胃消食，治霍乱和心胃气痛，益肾利尿及解暑等功效。食用杨梅保健的做法在民间也广为流传，如江浙一带居民习惯吃几颗烧酒浸的杨梅以防中暑。现代研究表明，杨梅果实富含花青苷等活性物质，其中花青苷具有抗多种肿瘤和保护胰岛细胞等作用。

杨梅可鲜食，也可加工成果汁、果酒、蜜饯等产品。果仁含油率达40%，可供食用或榨油。民间广泛采用杨梅泡酒的方式制作杨梅烧酒。杨梅烧酒不仅风味佳良，而且具有止咳生津、消食、止呕，以及夏季消暑、治痢疾等功能，因而广受欢迎。杨梅为常绿果树，寿命长，还是优良的绿化和观赏树种。杨梅树性强健，根部有放线菌共生，是保持水土、改良土壤的良种，还是一种清除大气污染作用较为明显的树种。木材纹理细密，质地坚硬，可作细工用材。

杨梅果酒

杨梅成熟于初夏季节，可填补一年中的水果淡季，且果色艳丽，风味独特，深受消费者青睐，售价较高，具有较高的经济效益。杨梅相对较耐瘠薄和粗放管理，长江以南广袤的山地和丘陵地均为发展杨梅的适宜区。杨梅是兼具经济和观赏的果树，以杨梅为主题的观光旅游产业在产区得到蓬勃发展，成为杨梅生产收入的重要组成部分。

第 2 章

落叶果树

落叶藤本果树

葡 萄

葡萄是葡萄科葡萄属多年生落叶藤本果树。

葡萄是一种美味的浆果，其不但含有葡萄糖，还含有丰富的维生素和微量元素，营养价值非常高。

◆ 栽培历史

葡萄是最古老的被子植物之一，起源于欧亚大陆和北美洲，主要栽培类型则起源于中亚细亚一带。其演化分为 3 个历史阶段：①原始类型阶段。在约 6500 万年前的新生代第三纪化石中，已找到明确无误的葡萄属叶片和种子化石。②种群及种的形成阶段。大陆分离使葡萄属植物从广阔连片的分布区被分割成彼此隔离的几个大分布区，形成不同种群。在冰川侵袭下，北欧地区仅南部有少量森林葡萄幸免于难。在人类文明出现最早的黑海和里海之间的某个区域，仍有该种的野生类型，植物学家们认为这里是欧洲葡萄的发源地。东亚地区受冰川侵袭程度较轻，保存下来的种较多，有 40 余种，其中绝大多数原产于中国。北美洲受冰川侵袭为害较轻，北美种群保留下来近30个种。③栽培驯化阶段。欧洲葡萄是人类栽培驯化最早的果树之一，可以追溯到公元前4000年或更早。N.W.西蒙兹于1947年估计，旧大陆有1万个葡萄品种来源于单一的野生欧洲葡萄即森林葡萄，该种原产于中亚细亚、阿富汗东北部到里海，乃至黑海南岸。野生葡萄果实味美诱人，早在其他植物群落存在之前就被"自然地"利用。流动的游牧者用树木支撑结实累累的葡萄，这被认为是原始形式的栽培驯化，常见于家畜饮水处附近。随着定居农业的发展和混交落叶林的垦伐，沿着挖有灌溉沟渠的边界线，葡萄和其他果树被保留下来，逐渐扩展到牧区以外，后又搭上阻拦牛、羊的泥墙，形成原始的葡萄园或果园。

中国栽培的欧洲葡萄是西汉张骞于公元前139～前115年从今乌兹别克斯坦的费尔干纳引入，根据《齐民要术》中"取蒲萄（葡萄）实，于离宫别馆旁尽种之"，可知中国栽培葡萄已有2100年以上的历史。陕、晋、冀等地仍栽培有龙眼葡萄这一东方品种群的古老品种。中国规模化栽培酿酒葡萄和酿造葡萄酒始于1892年，南洋华侨张弼士在烟台成立了张裕葡萄酿酒公司，并从西欧等地引入赤霞珠、品丽珠、贵人香、美乐等129个酿酒葡萄品种的苗木，奠定了中国葡萄酒产业的基础。中国生产上栽培的葡萄种类较多，除了欧亚种品种，栽培的以巨峰系为代表的欧美杂交种较多，其综合抗性较好，而一些种间杂种如山欧杂种、多种类杂交品种则具有极高的生态抗性和抗病虫害能力，因此不同生态条件适宜选择合适的种类和栽培方式。中国所有省份都有葡萄规模化栽培，主要是由于葡萄适宜的栽培模式较多，除露天栽培外，还可设施栽培。随着产业发展和科技进步，向西、向南发展葡萄产业的趋势明显；广西利用避雨栽培模式创新了一年两收技术，从而实现大面积脱贫；甘肃高寒山区利用冬暖棚种植葡萄，创造了非耕地葡萄延迟采收技术，成为贫困地区广大农民脱贫致富的重要支柱。

◆ **主要品种**

在葡萄属中，已明确起源地的种有 65 个，起源地不太明确或有争议的有 44 个，分属于圆叶葡萄亚属和真葡萄亚属，两个亚属间有着一系列性状差异。葡萄属植物染色体小，减数分裂时，真葡萄亚属有规律地形成 19 个二价体，圆叶葡萄亚属则形成 20 个二价体。亚属内种间杂交未发现不亲和。欧亚种葡萄品种黑比诺是二倍体植物，其基因组大小约为 475 兆碱基对。

栽培葡萄主要指欧亚种葡萄或欧洲葡萄，其为葡萄属中最为重要的一种，起源于里海、黑海和地中海沿岸地区的中亚、高加索、小亚细亚和叙利亚一带，在公元前 6000 年之前已在埃及、叙利亚、伊拉克、亚美尼亚、阿塞拜疆、格鲁吉亚及亚洲中部等地栽培。苏联学者 A.M. 涅格鲁里把欧洲葡萄分为 3 个生态地理群：①东方品种群。在沙漠、半沙漠干旱地区形成的品种群，包括里海亚群（是起源较早的酿酒类型，如马特拉沙、捷尔巴什、苏雅基等）和南亚亚群（是起源较晚的鲜食类型，如可口甘、尼木兰、龙眼、牛奶、无核白等）。②黑海品种群。该群根据地理分布又可分为格鲁吉亚亚群、东高加索亚群和巴尔亚群，品种包括白羽、白雅、晚红蜜等。③西欧品种群。起源于西欧，品种众多，著名的如赤霞珠、美乐、品丽珠、黑比诺、西拉、佳丽酿、歌海娜、霞多丽、雷司令等，已成为世界各国主要栽培品种。

◆ 形态特征

葡萄是藤本攀缘性蔓生植物。无性繁殖葡萄的植物学形态组成包括根系、主干、多年生主蔓、结果母枝、新梢、卷须、复合芽、叶、花、果穗、浆果和种子。

葡萄的根系以肉质根为主，贮藏有大量的营养物质和水分等。无性繁殖的植株没有主根，以若干粗壮的骨干根及其侧生根和细根组成。根系活动后，由于根压而导致地上部枝条剪口溢水（伤流）。葡萄根系的生长需要较高的土温，根系生长与新梢生长交替进行，每年初夏和秋季各有一次发根高峰。藤本葡萄枝蔓柔韧，输导组织发达，着生有卷须供攀缘。新梢由节和节间组成，单轴生长与假轴（合轴）生长交替进行，生长迅速，只要温度合适可一直延伸，为葡萄稀植提供了可能。

葡萄着生于叶腋中的芽是复合芽，俗称芽眼。根据分化的时间分为冬芽和夏芽。冬芽是着生在一年生枝各节上的芽，外被鳞片及茸毛，一般越冬后于次年春萌发生长，不萌发的成为潜伏芽。葡萄有较多的潜伏芽可用于更新。夏芽着生在新梢叶腋内冬芽的旁边，是无鳞片保护的"裸芽"，不需要休眠，可在当季自然萌发成新梢，通常称副梢。有些品种的副梢可当季分化成花芽，有很强的结实能力。栽培葡萄的叶由叶柄、叶片和托叶三部分组成，叶形较大，多为掌状，有深浅不一的裂刻，单叶互生。叶片是通过光合作用制造有机养分的主要器官，树体内 90% ～ 95% 的干物质是由叶片合成的，叶片的正常生长活动是葡萄生长发育和形成产量的基础。

葡萄的花序属于复总状花序，呈圆锥形。栽培葡萄的花一般是两性花（完全花），个别品种为雌能花，一些野生种及砧木品种仅存雄花。花序开花受精坐果后形成果穗。果穗由穗梗、穗轴和果粒组成，果粒则由果梗（果柄）、果蒂、外果皮、果肉（中果皮）、果心（内果皮）和种子（或无种子）等部分组成。葡萄浆果的形状多种多样，

葡萄的果实

除基本的圆形、椭圆形外，还有心形、柱形、束腰形等。浆果的颜色极为丰富，有红、黄、蓝、黑、白等色。葡萄种子呈梨形，占果实重量的 5% ～ 10%。葡萄有独特的物候期，包括伤流期、萌芽期、新梢速长与开花坐果期、果实膨大期、转色期及成熟期、落叶期。不同成熟期品种的主要差别在于浆果发育时间的长短。

◆ **栽培管理**

繁殖

葡萄苗木的繁育包括扦插繁殖和嫁接繁殖两种方式。①扦插繁殖。将品种的成熟枝条修剪成一定长度，于春季在土壤或基质上直接扦插培育，一般用于没有被葡萄根瘤蚜侵染的地区建园。②嫁接繁殖。是因葡萄根瘤蚜的为害而衍生出来的繁育技术，需要采用抗根瘤蚜的砧木。规模生产需要利用全自动嫁接机，少量生产可手工舌接或劈接。嫁接方式包括室内硬枝嫁接、田间绿枝嫁接等。培育

一年生苗的现代化育苗方式是田间起垄覆膜加滴灌带，还可利用温室或大棚进行基质育苗，即营养钵育苗，这种绿苗适宜就近供应初夏田间定植的情况。

建园

建园的基本原则是有利于机械化、标准化管理，有利于生产绿色优质的果品。选择生态环境好、交通便利的园址，利用机械平整土地，视坡度将丘陵山地修整成梯田或慢坡，较长的地块有利于提高机械作业效率。

北方一般春季种植，南方亦可秋末种植。株距视品种树势、树形及土壤肥力而定。定植后适当浇灌几次氨基酸冲施肥有利于幼树发根和新梢生长。在确定行距之后开沟（宽 60～80 厘米，深 80～100 厘米）进行局部土壤改良。一般篱架 0.8～1.2 米，棚架 1～2 米。行距的宽窄取决于架式和防寒要求，一般篱架要求行距宽 2.5～3.5 米，棚架要求行距宽 4～8 米。中国大部分地区土壤瘠薄，对于有机质含量不足 1% 的土壤，建议有机肥使用量为 6～10 吨 / 亩，可采用腐熟发酵的各种农家肥。将有机肥和行间的表层土壤置换到沟内，将沟内的生土回填到行间，可利用挖掘机退行一次性完成作业。行头至少保留 4 米以上，以便于机械能快速回旋。相反，对于降水量大、地下水位浅的南方，则采用起垄栽培，部分地区需要地下挖沟限根栽培或地上容器限根栽培。在局部沃土的同时也需要根据土壤性质和缺素情况进行矫正。与此同时，需要布局排灌设施，挖通排水沟渠，请专业人士规划施工滴灌设施和施肥设施。架柱一般使用水泥柱，机械化采收的使用镀锌或镀合金钢柱、木柱等。立柱长度一般要求 2.5 米，立柱的间隔因架式而不同，为 3～5 米。酿酒葡萄栽培一般采用单篱架直立叶幕，树形包括单干双臂（矮 T）或单臂（倒 L）、单干无臂的居约式，以及便于下架防寒的厂字形及 J 形。鲜食葡萄栽培有篱架和棚架两种，篱架树形可采用酿酒葡萄类似的直立叶幕，也可采用 Y 形架 V 形叶幕；棚架水平叶幕除了传统的龙干形，现在北方推广顺行鱼刺形即高厂字形，南方大量采用 T 形及 H 形树等。每种树形都有标准化的修剪技术，并根据品种的结果习性有所变化。

管理措施

直立叶幕的新梢可利用夏剪机修剪成厚度 40 厘米左右的绿篱形叶幕；人工修剪一般保留一片或 2 片副梢叶绝后修剪，有的为省工仅保留顶端副梢。主梢生长到顶端或与另一株相连后摘心，有些容易落花落果的鲜食品种则采用花前就摘心的策略。鲜食葡萄要求标准化果穗，需要疏花疏果对花果进行数字化精细管理，无核品种有些需要用生长调节剂如赤霉素等进行处理。果穗套袋已经成为葡萄绿色果品生产的必备手段。

结合北方冬春干旱少雨的生态条件，提倡春季和秋冬各耙地清耕 2 次，夏季行间自然生草，实时机械刈割；行内可覆盖地膜、地布或杂草。全年氮磷钾平均需求比例是（1 : 0.5）～（0.6 : 1.2），果实生长前期对氮磷需求较高，生长后期对钾、钙等需求较高，采用肥水一体化技术，一般全年施肥 4～6 次，每次滴灌每亩用量 8～10 千克。对于成龄树可根据树势秋施基肥，可利用施肥机械深施到 30 厘米以下。

新梢速长和果实膨大期是葡萄需水关键时期，需要及时滴灌，可通过水势监测来调控灌溉节律；果实转色后需要控水。雨季需要及时排水，可通过行内覆膜避免水分过量。萌芽水和封冻水是北方葡萄生产不可或缺的灌溉时期，需要足量灌溉。

灾害防控

葡萄叶部病害主要有霜霉病、白粉病，果实病害主要有白腐病、炭疽病、酸腐病、溃疡病等。病毒病主要有卷叶病毒、扇叶病毒等，有些品种带毒率很高。害虫主要有刺吸性害虫及蛀干害虫。病虫害防治原则是预防为主，综合防治，石硫合剂和波尔多液仍然是预防基础，生防产品越来越受重视。此外，南方采用避雨栽培措施，配合果实套袋，有效减少了鲜食葡萄的病害发生，减少了用药次数。

葡萄生态适应性较强，比较抗旱、抗涝、耐石灰质和盐碱，但根系耐寒性较差，欧亚种根系在土温 -5℃左右即会受冻。欧亚种葡萄栽培最适生态区是地中海式气候，在中国大陆性季风气候条件下，休眠季节北方葡萄容易遭受冻害和抽干，生长季节则容易发生各种果实和枝叶部病害。

◆ 贮运与加工

葡萄果实柔软多汁，属非呼吸跃变型果实，采收后保鲜运输和贮藏需要低温环境和预防腐烂。一般软肉、易掉粒品种不耐贮运，主要采用冷链运输就近供应市场，而硬肉不易掉粒的品种贮运性好，适合长距离冷链运输及长时间低温贮藏。贮运过程中除严格控制温度 0±1℃外，还应该保持相对湿度在 80%～85%，预防果梗干缩；添加缓慢微量释放的硫片，预防果实腐烂；减震防震，防止对果肉结构造成伤害。

全球75%以上的葡萄果实被用于酿造各种口味风格的葡萄酒，以满足消费市场的个性需求。由于葡萄酒感官风味要求的重要性和差异化，7000余年来人类对酿酒葡萄的驯化选育和栽培管理目标是坚持风味浓郁、果粒小、果皮厚、种子多的产业标准，也造就了酿酒葡萄与鲜食葡萄品种和品质的显著差异。葡萄果实经过晒干或晾干，可以制成红干和绿干。从葡萄干的口味质量考虑，制干最适宜的葡萄果实应该具备皮薄、肉厚、无核、含糖量高、香味浓郁等品质特点。葡萄制汁主要为浓缩汁和原汁两种。以前由于制汁过程中的热处理工艺影响其颜色和香气的稳定性，故制汁葡萄品种主要以颜色和香气热敏性好的美洲种为主。非热杀菌技术的创新，使其他种类的葡萄果实用于制汁愈来愈普遍，同时也为外观差的非商品性鲜食葡萄提供了一条行之有效的加工新途径。

◆ **价值**

成熟的葡萄浆果一般含有15%～25%葡萄糖、果糖及蔗糖，0.5%～1.5%苹果酸、酒石酸，以及少量的柠檬酸、琥珀酸、没食子酸、草酸、水杨酸等，0.15%～0.9%的蛋白质和丰富的钾、钙、钠、磷、锰等元素；葡萄汁含有丰富的维生素类及氨基酸类。

世界上葡萄的主要用途是加工，其次是鲜食，其加工比例高达85%以上，除主要用于酿造葡萄酒外，还用于制干、制汁、酿醋和制罐。欧美国家葡萄浆果约80%用于酿酒及制汁，其余用于鲜食及制干；而中国近 85% 用于鲜食，15% 用于酿酒、制干和制罐。现代研究表明，葡萄及葡萄酒具有明显的营养保健作用，其中研究焦点是白藜芦醇、花色苷、酚类物质及褪黑素等。葡萄籽油含有较高比例的不饱和脂肪酸，利用葡萄皮、葡萄籽提取原花色素或者直接超微粉碎制成的保健品已实现商业化。

◆ **新业态**

随着农业生产与其他产业的高度融合，葡萄产业已成为城乡居民休闲体验、旅游观光的重要选择。交通便利的城市近郊及风景优美的山间河谷等地建成的鲜食葡萄采摘与葡萄酒酿造庄园，成为接待大批游客品鉴美酒、享用美食、感受美景、采摘美果，让游客与家人、好友分享"天、地、人"合一的绿色农业产业，成为传承东西方文明交融汇集、凸显中国与国际葡萄产业文化有机融合的特色文化产业，是产业发展的新途径。

落叶灌木果树

蓝 莓

蓝莓是杜鹃花科越橘属的蓝果类型植物。

在生产中，栽培的蓝莓主要是簇生果类群的一些种类，如兔眼蓝莓、高丛蓝莓、狭叶蓝莓、绒叶蓝莓等及其种间杂种。

◆ **分类与分布**

根据品种来源、生物学特性、果实性状和分布区域，可将蓝莓品种划分为兔眼蓝莓、南高丛蓝莓、北高丛蓝莓、半高丛蓝莓和矮丛蓝莓5个品种群，栽培品种有300多个。中国东北及胶东半岛地区以发展矮丛和半高丛蓝莓为主，长江流域及其以南产区以兔眼蓝莓和南高丛蓝莓中的一些品种为宜。

◆ **形态特征**

蓝莓为灌木或小乔木，通常地生，少数附生。叶常绿，少数落叶，互生，全缘或有锯齿。总状花序，顶生，腋生或假顶生，7～10朵花组成；花两性，小，花萼4～5裂，稀檐状不裂，

蓝莓

花冠坛状、钟状或筒状，5裂，雄蕊10或8，稀4；浆果球形，顶部冠以宿存萼片，多数品种成熟时深蓝色或紫罗兰色，少数品种红色，果实球形、椭圆形或扁圆形；种子多数，细小，食用时可随果肉一起而不影响口感。蓝莓根系多而纤细，粗壮根少，分布浅，没有根毛，有菌根共生。

◆ **生长习性**

蓝莓的枝条在一个生长季内可多次生长，第一次在5～6月，第二次在7月中旬到8月中旬，相应地根系也有两次生长高峰。当年生枝顶端多形成花芽，花芽从顶端向下进行分化；不同种类的花芽分化时期不同，矮丛蓝莓和高丛蓝莓从7～8月开始，兔眼蓝莓从6月中

旬开始，9月底到10月初完成。蓝莓在南方3月上中旬开花，北方为4～5月开花，花期15～20天；多为异花授粉，自花可孕程度因品种而异，多需要配置授粉品种。果实生长期50～60天，一般在6～8月成熟。

◆ **栽培管理**

蓝莓繁殖以扦插和组织培养为多，其他方法如种子育苗、分株、嫁接也有应用。

蓝莓喜酸性土壤，以 pH 3.5～5.5 为宜。秋栽、春栽皆可，株行距以（1～2.5）米×（2～3）米为宜。一般定植后第3年开始结果，第5～6年进入丰产期。

无花果

无花果是桑科无花果属多年生乔木、小乔木或灌木。别称阿驿、底称实、底珍树、阿驵、映日果、优昙钵、奶浆果、蜜果、树地瓜。属亚热带落叶果树。

无花果起源于伊朗、沙特阿拉伯、也门等国。无花果传入中国大约是在汉代，最早在新疆各地栽培。唐代段成式《酉阳杂俎》中记载为"底称实"，唐代《救荒木草》中首次提出"无花果"这一名称。19世纪，从海路又传入一批无花果品种在青岛、烟台、上海等地种植。中国主要种植地区在新疆、江苏、上海、山东、浙江、福建、广东、湖北、四川、广西等地。

◆ **形态特征**

无花果树冠开张，自然生长为圆头形或广圆形。1～2年生枝条褐色或灰白色，成熟枝条灰白色。根、茎、叶和果中都有乳汁管，受伤后流出白色浆液。叶片大，掌状开裂。叶柄长，叶面粗糙，深绿或浓绿色。花为雌雄异花，埋藏于隐头花序内。果实为聚合果，单果重一般为 35 ～ 150克，夏果比秋果大，二年生单株可结50 ～ 200 个果。

无花果

◆ **繁殖与栽培**

无花果主要以扦插繁殖为主，也可采用压条和分株繁殖。早果，丰产，7 ～ 10 月是无花果主要采收期。隐芽寿命长，经济寿命40 ～ 50 年。无花果不耐涝，喜含钙量高的沙壤土。常用树形有丛状形、开心形、一字形、杯状形和 X 形。

◆ **价值**

无花果是药食兼用的果品，含丰富的糖、蛋白质、微量元素、维生素 A、维生素 B_1、维生素 B_2 和 18 种氨基酸等，其中类黄酮、芸香苷、酮糖、醛酸和佛手柑内酯等有抑制癌细胞生长的作用。

无花果属在全世界共有 600 余种，中国有 120 个种，仅普通无花果具有经济栽培价值。中国还以天仙果、薜荔和树地瓜 3 个种生产清凉饮料。无花果除供鲜食外，还可加工成果干、果酒、果酱、果脯、饮料、罐头、果粉和果茶等产品。另外，一些高档化妆品利用无花果浆液作原料。

落叶乔木果树

苹　果

苹果是蔷薇科苹果属植物。苹果原产于中亚及西南亚的高加索山脉以南、黑海与里海之间地区，即阿富汗、伊朗、伊拉克及沿高加索山到中国新疆一带，这些地方仍有野生的原始苹果林。苹果也是欧洲最古老的栽培果树之一。

◆ 栽培历史

约 7000 年前，在欧洲中部、东南部湖栖居民时代的遗址中，曾发现已炭化的横径为 30 ～ 36 毫米的小苹果果实和果核。但关于苹果最早的文字记载则见于公元前 322 ～前 288 年，希腊历史学家西奥·菲拉斯托斯把苹果分为野生的、栽培的、早熟的、后熟的、甜的、埃皮罗特型及迪奥尼斯型 7 种。罗马帝国势力扩展到欧洲中部和北欧时，苹果也随之传播，但当时的苹果主要都是用来制酒的小苹果。植物学家凯恩·普利尼乌斯·塞坎德乌斯的名著《自然科学史》中记述了 22 个苹果品种。来自小亚细亚的乐园苹果在 15 世纪时已用作矮化砧木。道生苹果的名称始见于 1519 年。16 世纪以后，经过英国人的改良，鲜食苹果开始在欧洲普遍栽植。19 世纪，罗伯特·霍格在其《苹果及其品种》一书中，收集了 900 多个品种。美洲的苹果最早于 16 世纪时通过移民传教士带入美国、加拿大，并通过他们及印第安人普及到中美洲及南美洲。日本于 15 世纪从中国引入具有沙果（槟子）亲缘的小苹果，名为瓦林格；1869 年，引进西洋苹果共 75 个品种，在东京官园试栽繁殖。

中国有关苹果属果树的文字记载出现在汉朝张骞出使西域后，随丝绸之路由民间不断传播到黄河中下游，初见于司马相如《上林赋》中，嗣后直到魏晋时期才有较详细的记载。在汉武帝时的《西京杂记》中，记载了上林苑中栽植"紫奈、绿奈，别有素奈、朱奈"；古称的"奈"多指绵苹果，又称彩苹，与广泛栽培的西洋苹果同种，甘肃河西走廊、山西阳高、河北怀来等地仍有分布。唐乾宁（894～898）时，陈仕良则将苹果分为奈、林檎、楸子三大类，林檎即花红（沙果），楸子即海棠果。之后，奈和林檎在黄河中下游地区大量发展。到了明代，李时珍鉴定了当时的林檎后，认为林檎即"奈之小而圆者"。可知在魏晋时，在奈、林檎的名称中包括中国绵苹果。明代王象晋在《群芳谱》中，明确提到用林檎作为苹果的砧木。

中国大量栽植西洋苹果始于1850～1870年，由美国传教士首先引入山东烟台福山等地，有绯之衣、伏花皮等品种，其后传入青香蕉、元帅等品种。1898年，日本、德国侵占山东青岛时，引进红魁、黄魁、伏花皮、国光、红玉、倭锦、青香蕉等品种。1905年，日本取得南满铁路租借权后，苹果在辽宁大连、熊岳开始发展。1922年以后，东北苹果的主要栽培品种为国光，其次为红玉、倭锦、祝、旭、青香蕉、金冠等。1930年前后，形成辽南、胶东两大苹果产区，但直至中华人民共和国成立初期，中国苹果园面积不足30万亩，总产量仅10万吨左右。1958年以后，苹果栽培有了飞跃性发展，形成渤海湾丘陵山地、中原沙地、西北高地、西南高地和北部寒地等各具特色的经济栽培区。

2003 年，农业部制定的《苹果优势区域发展规划（2003—2007 年）》，确定了渤海湾和黄土高原两大优势产区。

◆ **种质资源**

苹果属蔷薇科苹果属，全球有 36 个种，原产于中国的有 23 个种，有些是重要的栽培果树，有些是苹果的良好砧木，有些则为良好的观赏植物。生产上常用的有以下种类。

苹果

世界上栽培的苹果品种绝大部分属于这个种及其与别种的杂种。中国固有的绵苹果及近代引入的苹果品种（西洋苹果）都属于这个种。有道生苹果、乐园苹果、红肉苹果 3 个变种，全世界广

苹果

泛应用的 M 系苹果矮化砧多从这 3 个变种及杂交后代中选出。苹果品种在 1 万个以上，生产上常用的有 30 个左右，著名的有金冠系、元帅系、富士系等，中国栽培量最大的是富士系。

沙果

沙果原产于中国西北地区，是中国过去栽培最多的苹果属果树。品种类型很多，各地名称也不统一，有花红、果子、甜子、李子、密果、林檎、白果等别称。比较有名的品种有甘肃河西走廊的敦煌大沙果、武威的冰糖葫芦，宁夏的紫果子，陕西西安附近的鸡蛋皮花红，河南

鄢城一带的甜子、歪子，山
西太谷的夏果，河北怀来的
香果。沙果果实可供鲜食或
加工，有的香味浓郁；不耐
贮，稍贮肉即沙化，故得名
沙果。沙果可用作苹果砧木，
但不耐盐碱，不抗旱，抗寒
性较强。

沙果

海棠果

海棠果原产于中国，广布于西北、华北、东北及江南各地，尤以
甘肃河西走廊，青海民和、乐都，山西阳高、太谷，河北怀来，山东莱芜、
青州栽培最多。品种类型很
多，别称也多，如楸子、奈子、
圆叶海棠、海红等。海棠果
果实一般比沙果小，多不足
20克，肉质较紧密，汁多，
味酸，常有涩味，富含果胶，
故多用于加工。本种树性强

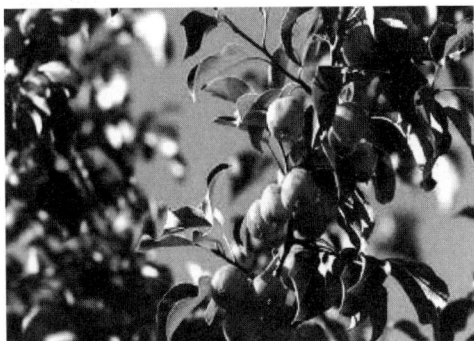
海棠果

健，适应性广，抗寒力强，抗涝、抗旱，在盐碱地上表现优于山定子。
中国北方广泛用作苹果砧木，是经过长期生产检验的优良苹果砧木。

西府海棠

西府海棠原产于中国，可能为海棠果和山定子的自然杂种，广布于中国东北、西北、华北各地。品种类型很多，各地名称不一。本种抗性强，适应性广，耐涝，耐盐碱，是苹果的优良砧木。八棱海棠即属此种。

山定子

山定子产于中国西北、华北、东北，以及西伯利亚、蒙古、朝鲜等地。抗寒力极强，有些类型能耐 −50℃的低温，是中国东北、河北、山东部分地区的良好苹果砧木，也是抗寒育种有价值的材料，但不耐盐碱。

湖北海棠

湖北海棠原产于中国，广布于湖北、江西、四川、江苏、浙江、安徽、陕西、甘肃、云南、贵州、河南、山东、山西、广东、福建、湖南等地。具有无融合生殖特性，实生繁殖苗木生长整齐度高，加之抗寒、耐涝、耐盐碱，因此是苹果的优良砧木。生产上应用较多的平邑甜茶即属此种。

新疆野苹果

新疆野苹果又称塞威氏苹果。产于新疆西部伊犁、塔城地区，有绵延 250 千米的野生苹果林，类型极为丰富，耐旱力强，耐寒力中等，丰产。

◆ 遗传育种

苹果育种以杂交育种和芽变选种为主，国际上苹果主产国均开展了广泛的育种工作，如美国康奈尔大学、华盛顿大学，日本盛冈国家果树育种中心、青森苹果试验场、长野果树试验场、秋田果树试验场和北海道中央农业试验场，英国苹果品种改良中心，法国农业科学院下属的昂热研究中心，以及南半球的新西兰，这些国家在苹果育种方面均取得了卓有成效的进展，选育出一批蜚声全球的苹果品种（如乔纳金、富士、嘎拉），以及 M 系、MM 系砧木。

1949 年以后，中国也开展了系统的资源收集与品种选育工作。中国有 40 多个科研院所和大专院校、250 余名科技人员先后不同程度地参加了苹果育种的研究工作，各育种单位共保存 590 个组合，苹果杂种实生苗后代总量为 39.67 万株。选育出的一些品种得到大面积推广，如秦冠、寒富、华冠。

◆ 苗木繁育

苗圃地的选择与规划

为保证苗木健壮生长，苗圃地尽量选择条件优越的地块，或视具体情况加以改良后再用作苗圃。苗圃最好设在需苗中心地区，以减少运费及运输途中对苗木损害，且苗木对当地风土条件适应性强。苗圃应选在背风向阳、光照条件好的地块，以平地或稍有坡度的地块为宜，地下水位应在地面 1.5 米以下，且比较稳定，受降水影响较小。土质以沙壤土到轻黏壤为宜，土壤水、肥、气、热易协调且优良，适于微生物活动，对种子发芽、苗木生长均有利；土壤较疏松，起苗省劲，伤根少，尤其细根保留好。有良好的排灌条件。无检疫对象。苗圃应规划出母本园、繁殖区、附属设施，其中母本园主要提供繁殖材料，如砧木种子、扦插材料、接穗等；繁殖区即培育各类苗木的地块，据所育苗木种类可分为实生苗培育区、自根苗培育区、嫁接苗培育区等，可根据地形划为一定面积的小区，各小区立标牌，标明砧木、品种等；

附属设施主要包括道路、排灌系统、防护林、房舍等。

实生砧木的培育

实生砧木主要用作砧木和杂交育种。砧木采种时，要选择类型一致、生长发育健壮、无病虫害且充分成熟的果实。果实软烂后洗掉果肉，除去杂质，在通气阴凉处晾干，贮藏于干燥、洁净的低温条件下。播种前要适时层积。

一般采取春播，早春土壤解冻后及早播种；中国华北、西北地区一般为 3 月中旬至 4 月上旬播种，东北地区为 4 月上中旬播种。播种方式分为大田直播、畦床播种、穴盘播种 3 种。播种方法有撒播、点播、条播等。

播种后注意土壤湿度变化，幼苗出土后及时松土、除草，保证土壤疏松、无杂草，以利于苗木健壮生长。幼苗大部分长至 4 ～ 5 片真叶时，及时间苗定株、移栽。幼苗移栽要带土坨进行，避免过多伤根，可在移植前两三天灌一次水，移时不散坨，有利于缓苗成活。幼苗长至 30 厘米高时摘心一次，促进加粗，除去基部 5 ～ 10 厘米处的副梢，

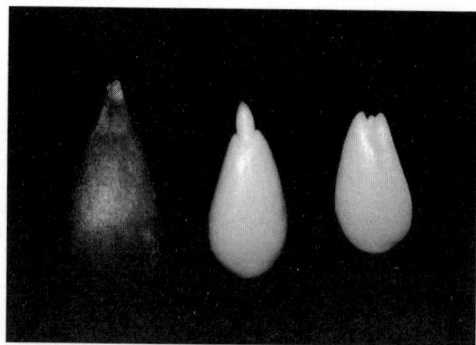

苹果的种子

以保证嫁接部位光滑。幼苗生长过程中注意加强肥水管理，前促后控（前期促进枝条生长，后期控制枝条生长）。7月中下旬可断根一次，用铁锹等铲下切断主根，促进侧根及细根的发育。注意防治病虫害，如幼苗期立枯病，生长期白粉病，以及蛴螬、蚜虫、红蜘蛛、刺蛾等虫害，以保证苗木正常生长。

自根苗的培育

自根苗是用矮化砧自身的根系嫁接苹果品种育成的苗木。主要采用压条繁殖法，常用的有直立压条和水平压条。①直立压条。又称垂直压条、壅土压条、堆土压条、培土压条。定植自根苗作母株，萌芽前剪留基部2厘米平茬，促使萌发萌蘖条，长至20厘米时在基部培第一次土，培土10厘米高；约1个月后，新梢又长20厘米时培第二次土，新培土20厘米高，使总培土达30厘米高，保持培土湿润。若先在萌蘖条基部环割（剥）再培土生根效果会更好，但早期生长缓慢一些。易生根类型20天即可生根，如苹果矮化砧、石榴、无花果等。入冬前即可分株起苗。每根萌蘖条在基部2厘米处剪断，以备次年再用。②水平压条。又称普通压条。定植自根苗作母株，植株与地面呈45°夹角斜栽，将枝条压入5厘米左右深的浅沟内，固定，用土埋住。枝条上的芽大部可萌发，向上生长至20厘米时培第一次土，新梢长至30厘米时第二次培土。枝条基部弓起处处于极性部位，易萌生强萌蘖，应随时去除。入冬前即可分株。选留1～2个靠近母株的枝条，留待次年再压。采用此法，压入沟中前先在每个芽上方眉刻，可使芽更易于萌发。

嫁接苗的培育

接穗应从采穗圃或良种母本园采集，必须选品种纯正、早果、丰产、稳产、优质、无病虫害的单株。要采树冠外围生长发育健壮、芽眼充实饱满的剪口枝。若无专门的母本园，也可结合生产园进行，但必须更加严格地选择单株。春季嫁接的，多用一年生枝，可在冬剪时结合修剪采集，剪成50厘米长，100根捆成一捆，沙藏；生长季嫁接的，采集的接穗立即剪去叶片，以减少水分蒸发，叶柄留1厘米左右，以便于芽接时操作及检查成活。嫁接方法包括芽接（主要有丁字形芽接、嵌芽接）和枝接（主要有切接、劈接、舌接、切腹接等）。枝接2周、芽接1周后可检查成活。

苗木出圃

苗木出圃是育苗工作的最后一个环节，也是最重要的环节，做得好坏直接影响苗木质量、定植成活率、缓苗快慢及幼树生长发育，从而与早果丰产密切相关。起苗时间分为春天和秋天，寒冷干旱地区必须秋天起，以免越冬抽干。春天起苗一般在土壤解冻后至萌芽前进行，秋天起苗在新梢停长并已木质化、顶芽已形成并开始落叶时进行，不可过早。提倡采用专业机械起苗，量少时可人工进行。起出的苗应立即归堆、分级、挂牌、假植。

◆ 生长习性

苹果是多年生乔木果树，其寿命的长短主要取决于气候条件与栽培水平。在原产地及周围地区，如中国新疆伊犁河谷的巩留、新源等原始苹果林里，还有300年生以上的老树，其胸径已达2.9米，每年仍结实累累。中国其他如甘肃河西走廊、山西大同、渤海湾地区等老苹果产区，树龄在 60 年以上的老树仍能发挥相当的生产能力。

一般认为，最冷平均气温 -10 ～ 10℃，年平均气温在 7.5 ～ 14℃ 的地区都可栽培苹果。世界上绝大多数栽培苹果的地区年平均气温为 9 ～ 14℃，在年平均气温 7 ～ 8℃ 的地方也有少量栽培，中国苹果经济栽培区已扩展到 6 ～ 17℃，冬季最冷月平均气温已低至 -12℃。理论上，生长季降水量 540 毫米即可满足苹果生长发育的需要。实践中，年降水量 500 ～ 800 毫米且分布比较均匀或大部分在生长季中，即可基本满足苹果生产的要求，但春旱地区要补水，夏涝地区要排水。苹果是喜光树种，充足的光照才能保证高产优质。当树冠内部入射光照减至自然光照 50% 以下时，红色品种的着色明显变淡；降至 30% 以下时，则不能上色。此外，年日照不足 1500 小时或果实发育后期月日照不足 150 小时，红色品种一般难充分上色。

最适合苹果树生长发育的地貌是低缓丘陵山坡地，这类地块植株生长健壮，丰产稳产，果实着色好，品质佳；平原、滩涂地亦可发展苹果种植，但要做好雨季排涝，防止涝害及贪青徒长。坡度在 15°以上不宜发展苹果。海拔高度对苹果树生长发育也有影响，随海拔增高，春夏季物候期延迟，生长季缩短。树体大小、果实大小、果肉细胞大小随海拔增高而减小，叶片则增厚，硬度、酸度增加，糖度减少但着色加强。适于苹果栽培的土壤要求为 60 ～ 80 厘米厚土层，太浅影响根系生长，不利于抗旱。但采取特殊的栽培措施如地面覆盖、地膜覆盖、穴贮肥水等，在浅的土层上也可建起丰产园，还可采取大穴定植、放树窝子等深翻改土措施加厚活土层。

◆ 栽培管理

建园特点

合理配置授粉树。如果主栽品种为三倍体，如乔纳金、新乔纳金、红乔纳金、陆奥、北斗、北海道 9 号等，因其花粉败育率高，必须配置两个或两个以上授粉树品种，既能为主栽的三倍体品种授粉，又能相互授粉。

栽植技术

合理密度的确定受立地条件、砧木种类、品种类型、栽培技术等诸方面因素的制约，在亩栽株数一定的情况下，行距对光照的影响比株距大得多。所以，生产上采用宽行密植，树体成形后，行间应有 1 米的直射光。株距小于 2 米的提倡按行向挖定植沟，深度在 80 ～ 100 厘米，宽不小于 100 厘米。挖出的表土和底土分别堆放，然后回填。回填时决不能打乱土层、上下颠倒，否则心土填在果苗根系周围不利于苗木生长；也不能将有限的有机肥均匀掺入整个回填土中或将肥料深埋，因为幼树根系尚浅，下层养分利用率低，穴肥起不到应有的作用。回填后浇水沉实，防止以后下陷，造成栽植过深。回填沉实最好在栽前 1 个月内完成。苹果栽植主要有两个时期，一是秋季落叶后至土壤封冻前进行秋栽，但在冬季温度低、风大的地区易受冻或抽条，不宜提倡；二是在芽刚萌动时春栽，此时由于芽膨大萌动，新根开始发生，且土温较高，栽后易活。

栽植前要核对品种，将苗木根系进行修剪，剪去折断、干枯、有病的根，其余根剪出新茬，以利于发根。浸水过夜，让苗木吸足水分。栽植穴（沟）已回填沉实的再挖小穴定植，穴的直径约 30 厘米、深 20 厘米即可。先将精肥与表土混匀填入小穴一锹，然后将苗木放入，扶正、对齐后再将剩余肥土填入一半；将苗稍向上提，使根系伸展，踏实；再填入另一半肥土，踏实，深度以苗木原土印与现土面相平为宜。定植后应立即浇水，水渗下后封一层细土保墒。盖地膜，使中央稍低，呈浅盘状。用土封住四周及干周，稍有降水即可由干周渗入，一般不必浇水。地膜保温保湿性能好，果苗生根快，成活好，缓苗快，生长发育良好。

土肥水管理

提倡全园自然生草。施肥原则以土施有机肥为主；氮肥的施用应着眼于提高氮素物质的贮藏积累，加强叶面喷施及秋季施用；注意微量元素的施用，必须在树体碳氮代谢水平高的基础上才能充分发挥作用；施肥要与水分管理密切结合。

合理负载

在通常情况下，苹果树都有大小年结果的习性，严重的大小年结果使产量不稳定，树体生长发育受到影响，营养贮备少，抗逆性差，易遭病虫害或冻害，大年之后往往伴随腐烂病发生。在理论上，合理的留果量是在保证品质最优、稳产的前提下，使产量达到最高。确定留果量的方法有多种，包括按叶芽和花芽的比例留果、按叶果比留果、按树干粗度留果、按间距定果、按副梢定果等。疏花疏果方法包括人工疏花疏果和化学疏花疏果。

整形修剪

提倡密植小冠树形，以各类纺锤形为主。基本树体结构为主干高60～70厘米，中心干直立挺拔，其上均衡配置10～15个小型主枝，不分层，不留侧，直接着生结果枝组。主枝基角大，为80°～90°，近于水平，腰角、梢角渐抬头。下部主枝长，为1.5～2.5米，上部较短，为1.0～1.5米；下部相邻主枝间距10～15厘米，上部15～20厘米。各级主轴间从属关系分明，差异明显，中干—主枝—枝组轴，依次为母枝的1/4～1/3，超过母枝的1/2时及时更新回缩加以控制。

要求苗木健壮，苗高1米以上，定干80～100厘米。萌芽前在剪口下30厘米的枝段，按所需主枝发生位置进行芽上双重刻伤，深至木质部，或按"⌒"形刻芽，促发长梢，以拉开主枝距，称"高定干，低刻芽"，当年选留3～5个主枝。为防止剪口下集中发梢，可在萌芽后抹除部分过密旺梢，亦可在5月下旬至6月上旬对竞争枝留3片叶进行绿枝重截，发生的二次枝生长势弱，秋季结合拿枝拉开主枝角度，使之呈80°～90°角。

二年生后缓苗期已过，中心干一般较强，为防止中干上脱空，对中干留60～80厘米短截，下部选合适方位双重刻芽促梢，并控制剪口下竞争枝。也可不对中心干短截，仅靠双重刻芽促发分枝。对于主枝，基本不短截或仅轻截，拉平缓放，严格保证单轴延伸。势力不均衡时适当调整，如生长季对强旺梢摘心，促发二次枝并去掉二次枝中的竞争枝，或者次年春季在强旺枝上多刻芽，促发短枝，缓和势力。幼龄树旺树的枝组以两侧与背下为主，背上组要小、矮，枝量要少，结合夏季修剪及时抹除背上过多芽，一般 20 ～ 30 厘米选留 1 个即可。

三年生时树冠基本形成，及时疏除直立、过旺、过密枝，控制过大枝，继续拉开主枝角度，直至固定。主枝上枝组不可过密，一般 1 米范围内以留 10 个左右小枝组为宜。及时控制竞争枝，疏除过密枝，不使其形成生长中心（如几个较旺枝轮生），严格保证单轴延伸，防止上强和外强，适时回缩更新结果枝组，确保空间和树势。回缩的前提是先端已下垂，果台副梢长度不足 10 厘米，后部已结果。

灾害防控

苹果的主要病害有腐烂病、轮纹病、早期落叶病，除对症进行药剂防治外，应加强栽培管理，合理负载，提高树体抗性。为害苹果的主要害虫有叶螨类、卷叶蛾类、蚜虫类等，有些地区吉丁虫为害较重，西北地区有苹果蠹蛾为害，此虫为检疫对象，应密切预测预报。套袋栽培条件下果实易发生钙失调，表现缺钙症状，应注意施用钙肥。老果园更新重载易发生重茬障碍，应采取多种措施防治。

为害苹果的自然灾害有冻害、枝干日烧、晚霜、暴雪、冰雹、雨涝、干旱、大风、沙尘暴、土壤酸化、果实日烧、鸟害、鼠害等，应提高建园标准，完善防护林系统，加强防护设施建设。

◆ **价值**

苹果是重要的落叶果树，是中国北方果树生产的骨干树种。苹果采后处理包括清洗、打蜡、分级、包装、运输等环节。苹果贮藏形式包括土窖、简易库、通风库、恒温库、气调库等。苹果果实色、香、味俱佳，营养价值高，加之丰产、稳产，适应性强，因此经济价值较高。远在魏晋以前，沿河西走廊在甘肃平凉、玉门等地已大量晒干苹果作为贮备粮，《齐民要术》则记述了黄河中下游地域做奈酏、奈脯、林檎酏及果丹皮的经验。

苹果种植在中国迅速发展，优势产区已形成了巨大的生产力，很多地方的苹果产业已成为当地农村经济的支柱产业，经济效益、社会效益和生态效益十分显著。

梨

梨是梨属植物的栽培种或栽培类型。按照传统的形态学分类，梨属植物属于蔷薇科、苹果亚科或梨亚科。蔷薇科分子系统发育研究将蔷薇科的亚科分为蔷薇亚科、桃亚科和仙女木亚科。在新的蔷薇科分类系统下，梨属被归于桃亚科下苹果族的苹果亚族。一般认为，梨属植物的原种起源于第三纪的中国西部或西南部的山区地带。从起源地向外扩散，分化形成了形态各异和生理特性有差异的梨属植物，有约20个基本种，其分布横跨欧亚大陆和北非地区。

◆ 栽培历史

梨的栽培历史悠久，在东西方都有3000年以上的历史。与梨属植物自然区分为西方梨和东方梨一样，栽培梨也分为西洋梨或欧洲梨和亚洲梨或东方梨。根据基本种的地理分布和果实大小将其分为四大类，即亚洲产豆梨类、亚洲产大中果型梨类、西亚种类、北非及欧洲种类。前两类即所谓的东方梨，后两类则为西方梨。

西洋梨

西洋梨主要栽培于东亚以外的欧洲、中亚、西亚、非洲、美洲和大洋洲的国家或地区。除此之外，在中国北方一些地区和日本也有少量商业化栽培。西洋梨原产于中欧、东欧和西亚一带。著名的西洋梨品种有英国品种康弗伦斯和威廉姆斯（美国名为巴梨），法国品种安久、博斯克、考密斯，意大利品种阿巴特，西班牙品种布兰基亚，葡萄牙品种罗莎，澳大利亚品种帕克汉姆。西洋梨中有多个红色品种或红色芽变品种，如红巴梨（包含 3 个无性系）、新红星（也称红茄梨），原产于德国但在南非广为栽培的佛洛儿等。西洋梨大多为梨形，采收后一般不能直接食用，需要后熟变软才能食用。西洋梨可溶性固形物较高，甜酸适口，后熟后具有浓郁的香味。

亚洲梨

亚洲梨主要栽培于东亚的中国、日本和朝鲜半岛，其他国家鲜有栽培。与西方梨中只有一个主要的栽培种不同，亚洲梨分化出了不同的栽培种或类型，主要有秋子梨、白梨、砂梨、日本梨，另外也有局限于个别地区的新疆梨和其他一些种类的栽培类型。①秋子梨。被认为是由野生秋子梨驯化而来，原产于中国东北地区，在华北和西北部分地区也有栽培。秋子梨品种是由野生秋子梨和白梨或砂梨杂交而来。著名的秋子梨品种有南果、华盖、尖把梨、京白梨和软儿梨等。秋子梨果实较小，果重大都在 100 克以下；与西洋梨相似，果实采后一般需要后熟变软，具有浓郁的香气。②白梨。指栽培于黄河流域及北方的大果型梨品种，长久以来被归于白梨。国外学者认为白梨是中国北方的杜梨和当地的大果型品种杂交而来，并非白梨品种的野生种。多个研究小组利用 DNA 标记进行的独立研究表明，白梨品种和砂梨品种具有非常近的亲缘关系。参照《国际栽培植物命名法规》（ICNCP），有学者建议将白梨作为砂梨的一个生态型或品种群归于砂梨白梨组名下。属于白梨的著名品种主要有河北的鸭梨、秋白梨和雪花梨，山东的莱阳慈梨或茌梨，安徽的砀山酥梨和甘肃的大冬果梨等，这些品种至今仍为全国性或地方性的主栽品种。③砂梨。砂梨同白梨一样，果实肉质松脆，不需要后熟即可食用。砂梨品种原产于中国长江流域及其以南地区，果实大小、色泽和形状的变化在亚洲梨中最为丰富。砂梨广泛分布和栽植于中国南方地区，北方地区也多有引种栽培。著名的品种有云南宝珠梨和火把梨，贵州的兴义海子梨和威宁大黄梨，四川的苍溪雪梨，浙江的早三花梨和雁荡雪梨，福建的政和大雪梨和棕包梨。④日本梨。日本梨品种原产于日本，著名品种有二十世纪、长十郎、晚三吉、幸水、丰水、新水和新高等。日本梨主要栽植于日本，中国南北方、韩国均有大量引种栽培，澳大利亚、美国及巴西等国家也有少量商业化栽培。中国的梨育种工作者利用日本梨品种与中国地方品种杂交，培育出黄花、翠冠、黄冠、雪青、中梨 1 号、清香等新品种，成为全国性或地方性的主栽品种。新疆梨局限于新疆、甘肃和青海地区，可能起源于中国白梨和西洋梨的杂交，著名品种有库尔勒香梨和兰州长把梨等。

◆ **种质资源**

梨种质资源包括梨属植物种、品种及近缘植物。梨属植物由于种间不存在生殖隔离，种间杂交较为普遍，给梨属种的准确分类带来很多困难。包括基本种在内的梨属种在 30 个左右，中国原产的有 13 个，但只有砂梨、秋子梨、杜梨、川梨和豆梨等被认为是基本种，其余都属于种间杂种。全世界的梨品种在 7000 个以上，其中原产于中国的有 3000 个以上。19 世纪初，一些国家开始对梨属植物种质资源进行收集和保存。位于美国俄勒冈州的国家无性系种质资源圃保存了来自全世界 20 多个国家最完整的梨属种和品种，保存份数多达 2300 份以上。欧洲的意大利、法国、比利时、俄罗斯等国家主要保存以西洋梨品种为主的梨种质资源数千份。中国梨种质资源主要保存在国家果树种质兴城梨、苹果圃和国家果树种质武汉砂梨圃中，共保存 15 个种、1400 多份资源。浙江大学等单位的科学家利用 DNA 标记和序列分析，对中国原产的杜梨、川梨和豆梨等野生种和主要栽培类型的遗传多样性进行了评价。南京农业大学等单位的科学家于 2012 年完成世界上第一个梨基因组的测序，基因组大小为 527 兆碱基对。

◆ **形态特征**

梨树主要器官有根、茎、叶、花、果实和种子。

根

梨的根主要可分为主根和侧根。主根是由种子胚根发育而来向垂直方向分布的粗大根。当主根生长到一定长度时，就会从内部侧向生出许多支根，称为侧根。主根和侧根之间往往形成一定的角度，起吸收、支持和固着作用。当侧根生长到一定长度时，又能生出新的次一级的侧根，多次反复形成梨树复杂、庞大的根系。

茎

梨树的茎是地上部分的主轴，支持着叶、芽、花、果，并使它们在空间上形成合理的布局，适于进行光合作用。茎亦是梨树体内物质运输的主要通道，根部吸收的水、矿物质以及在根中合成或贮藏的有机物质通过茎输送至地上各部分，叶的光合产物也通过茎输送到植株各部分备用或贮藏。茎上着生枝条，枝条上有叶和芽（在生殖生长时期还有花和果），芽是枝条或花序的原始体。

叶

一枚完整的梨叶由叶片、叶柄和托叶三部分组成。叶片形状主要有圆形、卵圆形、椭圆形和披针形，叶片近叶柄的一端称为叶基，先端称为叶尖，两缘称为叶缘。多数品种的叶缘为锯齿状，齿尖上有针芒状的刺芒；少数品种叶缘钝锯齿，无刺芒。叶柄是连接叶片与枝条的部分，起支撑叶片的作用。托叶多为线状披针形，但在叶生长的早期自行脱落，所以通常见到的梨叶只有叶片和叶柄两部分。叶片是叶最重要的部分，光合作用和蒸腾作用主要由叶片来完成。梨叶片的叶脉是羽状网状脉，叶脉有支持叶片平展和疏导养分的功能。

花

梨树的花序多为伞房花序，大多数品种每个花序有 5 ～ 10 朵花，边花先开，之后中心花渐次开放。梨花为两性花，杯状花托，下位子房。萼片 5 片，呈三角形，基部合生筒状。花冠轮状辐射对称，花瓣一般为 5 枚，白色离生，多为单瓣覆瓦状排列，个别品种偶有重瓣、带粉色。正常花的雄蕊略高于雌蕊，雌蕊高度高于雄蕊的一般为不育类型。

梨的花器官由花梗、花托、花瓣、雄蕊（花药、花丝）和雌蕊（柱头、花柱、子房）组成。梨花具雌蕊 3 ～ 6 枚，离生，在品种间和品种内都较稳定。雄蕊 15 ～ 30 枚，分离轮生，花药多为紫红色，

梨花

也有浅粉、粉红、红、紫等色泽。雄蕊数量在品种间和品种内都存在明显差异，主要与位于花盘内缘的少数雄蕊花丝短、个别花药败育甚至雄蕊完全退化有关。

果实

梨的果实由下位子房的复雌蕊形成，花托强烈增大、肉质化，并与果皮愈合发育成果实，属于假果。果实形状因种类不同而异，有圆形、扁圆形、卵圆形、倒卵圆形、圆锥形、圆柱形、纺锤形、葫芦形等。砂梨品种果实多为球形或扁圆形，白梨品种果实多为圆形、卵圆形和长圆形，秋子梨的果实多为圆形或扁圆形，新疆梨果实多为卵圆形或葫芦形，而西洋梨果实多为葫芦形。梨果皮颜色多样，总体可划分为绿色（包括绿色、黄色、绿黄色、黄绿色等）、褐色（包括绿褐色、黄褐色、红褐色、褐色等）和红色（包括紫红、鲜红、粉红、条红）。在梨的主要栽培种中，秋子梨和白梨主要为绿皮梨类型，少数为红皮梨类型，稀有褐皮梨类型；砂梨主要为绿皮和褐皮两种皮色类群，少有红皮梨类型；西洋梨主要为红皮梨和

梨的果实

绿皮梨类型；新疆梨主要为绿皮梨类型。果实大小因种及品种不同而差异较大，秋子梨果实一般小到中等大，单果重在 35～210 克，平均单果重 84.3 克，最大可达 240 克；白梨平均单果重 151.5 克，金花梨、雪花梨单果重最大可达 750 克；砂梨平均单果重 161.3 克，爱宕梨和洞冠梨最大单果重分别可达 2000 克和 3000 克；西洋梨果实一般小到大型，单果重 36～287 克，平均单果重 152.2 克；新疆梨平均单果重 108.7 克。果实最小的是野生梨，如豆梨、杜梨等单果重 1～10 克，多为葫芦形。

种子

梨的种子多为卵形或卵圆形，稍扁，先端急尖、渐尖或钝尖，基部圆形或斜圆形，先端呈尖嘴状或歪嘴状。成熟种子的颜色多为褐色、黑褐色、栗褐色、灰色、棕灰色。栽培品种的种子具有的普遍特征是种子较大且饱满，种皮局部或全面有光泽，颜色为红褐色居多，种孔端较钝，基部平截。差别较大的主要是种子的形状，如鸭梨种子的形状为平凸面、披针形，丰水梨种子的形状呈披针形，砀山酥梨种子的形状为平凸面、三棱形且种孔端钝。

◆ 生长习性

梨树年龄时期分为幼树期、结果期和衰老期三大阶段，各个阶段的梨树在形态特征上有明显的区别,且其变化是连续的、逐步过渡的,并无明显的界限。

幼树期

从梨苗木定植到开花结果这段时期。此期主要特征是树体迅速扩大,开始形成骨架。枝条生长势强并呈直立状态,因而树冠多呈圆锥形或塔形。新梢生长量大,节间较长,叶片较大,一年中具有两次或多次生长,组织不够充实,从而影响越冬能力。在此期间,无论是地上部或是地下部离心生长均旺盛,根系生长快于地上部。一般先形成垂直根和水平骨干根,继而发生侧根、支根,到定植3~5年才大量发生须根。随着根系和树冠的迅速扩大,吸收面积和叶片光合面积增大,矿质营养和同化物质累积逐渐增多,为进入开花结果阶段奠定基础。梨幼树期的长短因品种和砧木不同而异,一般为3~4年,其中具腋花芽结果习性的梨一般较早结果。树姿开张、萌芽力强的品种也常表现早果性。使用矮化砧或作曲枝、环剥处理,可提早结果。梨幼树期的长短还与栽培技术密切相关。尽快扩大营养面积、增进营养物质的积累是提早结果、缩短梨幼树期的主要措施,常用的调控措施有深翻扩穴,增施肥水,培养强大根系;轻修剪多留枝、少短截多长放,使早期形成预定树形;适当使用生长抑制剂等,促进幼树进入结果期。

结果期

根据梨树结果状况,结果期分为3个阶段:①结果初期。指从开始结果到大量结果前这段时期。该期树体生长旺盛,离心生长强,分枝大量增加并继续形成骨架,根系继续扩展,须根大量发生。结果部位以枝梢上部分、中果枝为主。这一时期所结果实单果重大，水分含量高，皮较厚、肉较粗、味偏酸。随着树龄的增大，骨干枝的离心生长减缓，中、短果枝逐渐增多，产量不断提高。此时梨树体结构已经建成，营养生长从占绝对优势向与生殖生长平衡过渡。此期仍以扩大树冠、培养骨架、壮大根系为主。通过轻剪、重肥、深翻改土等栽培管理措施，着重培养结果枝组，防止树冠旺长，在保证树体健壮生长的基础上迅速提高产量，尽早进入盛果期。②结果盛期。指梨树进入大量结果的时期。此期树冠和根系均已扩大到最大限度，骨干枝离心生长逐渐减缓，枝叶生长量逐渐减小。发育枝减少，结果枝大量增加，由长、中果枝结果为主逐渐转到以短果枝结果为主，大量形成花芽，产量达到高峰且果实的大小、形状、品质完全显示出该品种特性。同时，树冠外围上层郁闭，骨干枝下部光照不良的部位开始出现枯枝现象，导致结果部位逐渐外移，树冠内部空虚部位发生少量生长旺盛的徒长更新枝条，向心生长开始。根系中的须根部分死亡，发生明显的局部交替现象。梨树盛果期持续的时间长短不仅因品种和砧木不同而有很大差异，而且自然条件及栽培技术也有重要的影响。在盛果期，应调节好营养生长和生殖生长之间的关系，保持新梢生长、根系生长和花芽分化、结果之间的平衡。主要的调控措施有加强肥水管理，实行细致的更新修剪，均衡配备营养枝、结果枝和结果预备枝，尽量维持较大的叶面积，控制适宜的结果量，防止大小年结果现象过早出现。③结果后期。此期新梢生长量小，出现中间枝或大量短果枝群。主枝先端开始衰枯，骨干根生长逐步衰弱并相继死亡，根系分布范围逐渐缩小。结果量逐渐减少，果实逐渐变小，含水量少而含糖较多。虽然萌发徒长枝，但很少形成更新枝。生产上常采取相应措施延缓衰老期的到来，如大年要注意疏花疏果，配合深翻改土、增施肥水、更新根系，适当重剪回缩和利用更新枝条；小年促进新梢增长和控制花芽形成量，以平衡树势。

衰老期

梨树衰老期是梨树体生命活动进一步衰退的时期。从产量明显降低到几乎无经济收益。其特点是部分骨干枝、骨干根衰亡，结果枝越来越少，结果少而品质差。由于骨干枝特别是主干过于衰老，更新复壮的可能性很小。

◆ 栽培管理

梨是世界性温带果树，在世界各大洲的80多个国家有商业化栽培。中国是世界上最大的梨生产国，栽培面积和产量均占世界的70%以上。在中国，梨的栽培面积和产量在所有水果产业中仅次于苹果和柑橘居第三位。栽培与管理包括苗木繁育、园地选择、栽植技术，以及土肥水管理、整形修剪等管理措施。

苗木繁育

优质梨苗木是保障梨树正常生长发育，实现梨优质、丰产、高效生产的重要前提，因此梨苗木繁育是梨产业发展的重要基础阶段。中国先后建立了多个部级果品及苗木质量监督检验测试中心，负责苗木质量安全技术咨询和服务，承担苗木质量安全认证检验，并发布相应梨（无病毒）苗木繁育技术规程，规范梨苗木的生产。梨栽培种类和砧木类型较多，长期的人工选育和自然选择形成了各自的适宜栽培区域。不同的砧木类型与不同的栽培梨种类及品种嫁接亲和力也有差异。因此，繁育梨苗木必须根据栽培区域的自然生态条件和梨苗木市场需求，选择适宜的新优品种和砧木类型。

园地选择

梨树为多年生经济作物，经济寿命可达 100 年以上，苗木繁育对发展梨树生产非常重要。在连片大规模发展梨树时，科学选址、全面规划、精心设计对梨优质安全生产具有十分重要的意义。园地选择要求在气候条件、土壤肥力、地下水位等方面满足梨树生长发育的基本需求。在此基础上，尽量选择远离工业污染和交通便利的地点建园，以达到发展无公害梨果生产、满足消费者需求，以及增加中国梨果在国际市场占有份额、促进梨产业健康持续发展的目的。

栽植技术

在通常情况下，梨树栽植时间以落叶后秋栽为宜；如遇冬旱缺水，则宜春栽。栽植的株行距要根据地形、土壤肥力及栽培模式而定。栽植时，剪去嫁接苗损伤的根系，用泥浆蘸根，有条件的可在泥浆中配入生根粉，以提高栽植成活率。

土肥水管理

梨树幼树以施有机肥为主，勤施薄施化肥。每月施尿素 1～2 次，注意磷、钾肥配合。有条件的梨园应建肥水一体化设施，加强肥水综合管理，提高肥料的利用率，加快树体早成形、早结果。幼树行间可种绿肥或豆类作物，以改良土壤；成年结果树的基肥秋季施入，以农家肥为主。在连续干旱季节应及时灌溉，多雨季节或有积水时应及时清沟排水。

整形修剪

梨树的树形分为有中心干形、无中心干形、扁形、平面形和无主干形。有中心干的树形主要有疏散分层形、纺锤形、"3+1"树形和圆柱形等，无中心干树形主要有杯状形、自然开心形、Y字形，平面形有平棚架、拱形棚架。中国梨区成年大树多采用疏散分层形，该树形产量较高，但树体高大，疏果、修剪、喷药及采收等操作管理不便。为适应优质生产和机械化作业，生产上采用的梨树新树形主要有圆柱形、细长纺锤形和平棚架树形等。

病虫害防治

梨树病害主要有梨黑斑病、黑星病、轮纹病、腐烂病、锈病等，害虫主要有梨小食心虫、梨瘿蚊、梨木虱子、梨蚜虫等。梨树病虫害的防控应以预防为主，采取农业、物理、生物等综合防控措施，以减少化学农药的使用，减少农药对果实及环境的污染。农业及物理防治方法主要有加强树体管理，增强树势，提高抗病虫能力，通过土壤深翻破坏害虫越冬场所；休眠期刮除枝干病斑、老翘皮，清除病枝、病叶，刮后喷石硫合剂，减少病虫源；秋季在树干上绑缚瓦楞纸或诱虫带，减少山楂叶螨、梨小食心虫的越冬基数；果园内悬挂迷向丝诱杀梨小食心虫，悬挂糖醋液诱捕器捕杀食心虫、金龟子、天牛等，悬挂黄板诱杀梨茎蜂、蚜虫和梨木虱成虫等。生物防治方法主要有梨园放飞龟纹瓢虫、异色瓢虫、大草蛉、中华草蛉、小花蝽、灰姬猎蝽、草间小黑蛛等益虫，可捕食多种害虫；利用赤眼蜂防治虫害，赤眼蜂可寄生食心虫、玉米螟、松毛虫、棉铃虫、二化螟、三化螟、甜菜夜蛾等多种鳞翅目害虫的卵，使卵不能正常孵化，从而降低虫口数量和蛀果率。化学防治是控制梨树病虫害发生的最有效方法，但生产上提倡减少或不使用化学农药，不使用不符合国家标准的农药，鼓励多使用微生物源、矿物质源、植物源农药来防治梨病虫害，实现梨果的安全绿色生产。

◆ 采后及加工

梨果实成熟过程是伴随着果实充分发育膨大，果实硬度下降、色泽改变、糖度增加、酸度和涩味下降及香气变化等过程，还包括呼吸速率上升、乙烯大量生成、叶绿素消失等。果实采后一般可分为采收后跃变前阶段、成熟起始阶段、果实达到可食状态阶段 3 个阶段。一般亚洲梨在成熟期采后即可达到食用阶段，而西洋梨类果实须经后熟软化才能达到最佳食用状态。这是因为西洋梨果实属于软肉类型，采收时果实质地较硬，不能直接食用，通常需要后熟。经后熟的西洋梨果实柔软多汁，石细胞少，溶质性好，香气浓郁，品质上等，深受消费者青睐；但经后熟的果实变软，不耐贮运，货架期也较短。

梨果实采后商品化处理主要包括采收、分级、包装、预冷、贮前处理等环节。世界上梨生产的先进国家和地区如欧美、日韩等，梨果实采后商品化处理率高达 90% 以上；中国梨果实采后商品化处理率还不足 50%，且采后分级包装技术落后，标准不统一，人工分级和包装仍占多数等。由于机械冷库的贮藏比例及冷链运输等的比例不高，使得中国梨果采后损耗大，高达 10% 以上。

梨果肉一般多汁，既可鲜食，也可加工。梨加工制品按加工方法分为梨罐头、梨汁、梨酒、梨醋、果脯、梨干、梨糖浆、速冻梨果及鲜切果品等产品。其中，梨汁、梨酒、梨醋及罐头是梨果的主要加工产品和方式，梨脯、梨酱、梨干、梨膏也有一定生产和市场规模，其他新兴加工产品也以其独特的口感、丰富的营养而渐渐深入人们的生活。梨加工行业在对传统加工品种进行深入研究的同时，加大了对新产品的开发力度。梨膏、梨醋饮、梨干酒、梨啤酒、鲜切梨等各种类型的新产品相继开发或面市，特别是梨膏、梨醋饮产品得到市场和消费者的认可，提高了梨果加工利用程度。

◆ **价值**

梨果实含有多种营养物质，主要有果糖、蔗糖、葡萄糖、山梨醇、苹果酸、柠檬酸、奎宁酸、果胶、纤维素、叶绿素、花青苷和多种维生素等有机质，以及钾、钙、镁和铁等无机成分。秋子梨和西洋梨果实含有独特的香气物质，如酯类、醛类、醇类、酸类及萜类等，给人带来愉悦。除鲜食外，梨果还可制作梨罐头、梨干、梨汁、梨酒、梨醋、梨果酱、梨脯、梨膏等。中国云南一些地区将酸涩的梨采收后加入用适量甘草、食盐等配制的水，泡制一定时间后再食用。中国东北和西北地区的晚熟秋子梨果实在采收后常被自然冻结为冻梨，作为贮藏手段和独特的食用方式。另外，中国民间还有煮食冰糖梨水治疗咳嗽的传统。

梨树管理相对容易，定植后第二年即可结果，现代化的密植栽培在栽后第3～4年即可达到盛产，具有良好的经济效益。中国人自古以来就有赏梨花、咏梨花的传统，全国各地举办的梨花节是民众春游赏花的好去处，带动了当地的旅游，增加了梨农的收入。

杏

杏是蔷薇科李属李杏亚属杏组植物。蔷薇科李属李杏亚属杏组有8～10个种，包括普通杏、西伯利亚杏、东北杏和梅等。原产于中国，栽培于世界各地温带地区，主要栽培种是普通杏。

普通杏属落叶乔木，主要分布于中国秦岭—淮河以北地区。树冠圆头形，树姿开张。叶宽卵圆形，花单生，花瓣白色或略带粉红色。核果球形，果皮黄色、白色或红色，果肉黄色或乳白色，种子扁卵圆形，味苦或甜。分为欧洲品种群、中亚品种群、中国华北品种群、中国东北品种群等不同生态地理品种群。其中，欧洲品种群部分品种自花结实，中国华北或东北品种群多数自花不结实。品种按用途分为肉用、仁用、仁肉兼用和观赏4类。肉用杏用于鲜食或制干，品种大多属于普通杏；仁用杏分为甜仁杏和苦仁杏两种，其中甜仁杏多为普通杏或普通杏与西伯利亚杏种间杂种，苦仁杏一般指西伯利亚杏；观赏杏包括普通杏或西伯利亚杏的垂枝、重瓣、粉红色花的不同变异类型。

杏

杏树适应性强，耐干旱而不抗涝。能在各类土壤上生长，以排水良好的沙壤土最为适宜。喜光，耐寒力强，但在北方地区花期易受晚霜危害。常采用嫁接繁殖，主要砧木是本砧和西伯利亚杏。

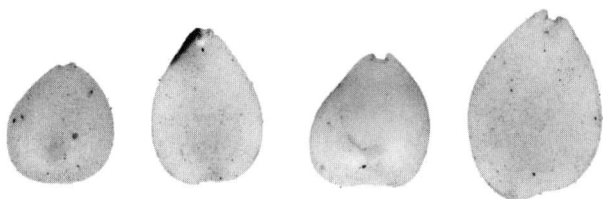

杏果实剖面

杏的果实富含铁和维生素 A，肉用杏味甜多汁。杏仁可食用、榨油、入药。新疆南疆的杏干、河北张家口的杏仁和承德的杏仁露、北京的杏脯是中国著名特产。杏树木材坚硬，适于制作抗断和抗压的物品。杏树也是中国"三北"地区重要的防护林和水土保持树种。

桃

桃是蔷薇科李属桃亚属果树树种，别称佛桃、水蜜桃。桃起源于中国。桃树在中国是一种古老的果树树种，有 4000 多年的栽培历史，民间神话中广传为仙果、寿桃，是中国消费者喜爱的传统水果种类。世界桃生产主要位于北纬 30°～45°和南纬 30°～45°地带，世界栽培品种 95% 以上直接或间接来源于中国的上海水蜜品种。中国是世界第一大桃生产国，全国各地均有种植，主要集中在黄河流域和长江流域。

◆ **种质资源**

桃的种质资源包括光核桃、甘肃桃、山桃、新疆桃 4 个野生近缘种和栽培种桃。桃以自花授粉为主，是木本果树遗传学的模式树种。4个野生近缘种均与桃杂交亲和，产生可育种子。

◆ **形态特征**

桃为落叶小乔木，高 3～5 米，光核桃高可达 10 米。树姿有普通开张形、直立形、帚形、紧凑形、矮化形、垂枝形等。树皮暗红褐色，老时粗糙呈鳞片状。小枝细长，无毛，有光泽，绿色，向阳处转变成红色。叶长 11～20 厘米，叶宽 1～6 厘米，叶形有狭叶形、狭披针形、宽披针形、长椭圆披针形、卵圆披针形等。花以复花芽为主，也有单生，先于叶开放。花形有铃形、蔷薇形和菊花形 3 种，分单瓣、复瓣和重瓣。花色有白色、粉色、红色和杂色嵌合体。果实重 20～260 克，果形扁平、圆、近圆、卵圆、椭圆和尖圆。果皮底色与果肉颜色相关，果皮盖色为红色，着色程度在 25%～100%；果肉颜色有绿色、白色、黄色和红色。肉质有溶质、不溶质和硬质 3 种类型。核有离核和黏核之分，核纹有沟纹和点纹。种仁味苦，稀味甜。

桃的果实

◆ **生长习性**

桃适应性广，南方、北方均可栽培。桃需冷量在 100～1200 小时，也存在常绿桃。喜冷凉干燥的环境，不耐涝，适宜栽种在地势较高、排水完善、阳光充足、土壤肥沃、土质疏松的干燥处。

◆ **主要种类**

桃按用途，可分为鲜食桃、加工桃、观赏桃（碧桃）和砧木。按果实类型，可分为普通桃、油桃、蟠桃和油蟠桃。按果实肉色，可分为白肉桃、黄肉桃和红肉桃。按果实发育期（45～210 天），可分为极早熟桃、早熟桃、中熟桃、晚熟桃和极晚熟桃。加工黄桃一般指制罐用黄桃。

◆ **价值**

果实可食，营养丰富，温性养人，汁多味美，富含蛋白质、糖、酸、钙、磷、铁、维生素，红肉桃富含花色苷。根、叶、皮、花、果、仁均可入药，具有营养和医疗作用。桃花还可以观赏用。

李

李是蔷薇科李属李杏亚属李组植物。蔷薇科李属李杏亚属李组共有 19～40 个种，重要的种有中国李、乌苏里李、杏李、樱桃李、欧洲李、黑刺李、美洲李、加拿大李和乌荆子李 9 个种。主要的栽培种有中国李和欧洲李。

◆ **中国李**

中国李别称李、嘉庆子、日本李。原产于中国，已有 3000 年以上栽培历史，中国各地均有分布。落叶乔木，树冠广球形。叶长圆倒卵形，光滑无毛。花通常3朵并生，花梗长1～2厘米，花瓣白色。核果球形，果皮绿色、黄色、红色、紫色或黑色，外被蜡质果粉。多数品种自花不结实。可分为华南品种群、西南品种群、华北品种群和东北品种群等生态地理品种群。李树对土壤类型要求不严格，适合在黏土、壤土、沙土等不同类型土壤中生长。多采用嫁

中国李

接繁殖，嫁接砧木南方常用桃、梅，北方多用本砧、桃、毛樱桃。栽培时须配置授粉树。果实味甜可口，主要用于鲜食，也可加工成蜜饯等。核仁和根皮都能入药。因管理容易、土壤适应性强、结果早、果实颜色丰富，也是重要的生态和景观树种。

◆ **欧洲李**

欧洲李别称西洋李，俗称西梅。原产于欧亚大陆，有2000年以上栽培历史，在中国东部沿海和新疆、河北等地少量栽培。落叶乔木，树冠宽卵形。叶片椭圆形或倒卵形，叶背密被柔毛。花通常2朵并生，花瓣白色，有时带绿色。果实卵圆形或长圆形，与果柄连接处长有短颈，果皮绿色、红色、紫色或蓝色，果粉蓝灰色。多采用嫁接繁殖，对土壤、

水分要求较高，在世界各地均有栽培。果实主要用于制干，也可用于鲜食。

其他的种，如华北的杏李、黑龙江的乌苏里李，以及樱桃李、美洲李等主要作为育种材料、砧木资源使用。

樱　桃

樱桃是蔷薇科李属植物。在中国，樱桃主要栽培种有甜樱桃、中国樱桃、酸樱桃、毛樱桃、草原樱桃、欧李等。其中，甜樱桃栽培面积约 300 万亩，中国樱桃栽培面积约 50 万亩，其他种仅零星栽培。

◆ 甜樱桃

甜樱桃又称大樱桃，乔木。果实 5 月初成熟，可溶性固形物含量一般在 15% 以上，可溶性糖中果糖比例高。适宜种植在年平均气温 9 ～ 15℃ 的地区。春季气温 10℃ 时萌芽，15℃ 开花，20℃ 果实成熟。休眠期 7.2℃ 条件下的需冷量为 800 ～ 1200 小时。冬季气温在 -20 ～ -18℃ 时发生冻害，-25℃ 时可造成树干冻裂，大枝死亡。

樱桃

晚秋地温在 -8℃以下、冬季地温在 -10℃以下、早春地温在 -7℃以下时，根系遭受冻害。栽培区集中在渤海湾及华北地区、陇海铁路线周边，以及西北地区、云贵川高海拔地区等。主要栽培品种有红灯、早大果、美早、先锋、砂蜜特、斯坦拉、拉宾斯、雷尼、艳阳、布鲁克斯、雷吉娜、桑提娜、晚红珠等。主要砧木品种有大青叶、吉塞拉、马哈利、山樱桃、兰丁系列等。

◆ 中国樱桃

中国樱桃又称小樱桃，小乔木。起源于中国长江流域，栽培历史可追溯到 3000 年前。中国四川、安徽、江苏、浙江、江西、山东、陕西、甘肃、河南、河北、北京等地均有栽培。核果近球形，直径 1～2 厘米，红色或黄色，果皮薄，肉软多汁，风味甜，不耐贮运。采用扦插、压条、分株或播种的方式繁殖。

石　榴

石榴是石榴科石榴属一种果树，别称安石榴、若榴、丹若、金罂、金庞、涂林、天浆。石榴是一种古老的果树树种，原产于伊朗、阿富汗和高加索等中亚地区，迄今已有 3000 多年的栽培历史，是中国最早引进的果树树种之一。

◆ 分布

石榴作为一种新兴果树，既是重要的园林绿化和生态建设树种，也是中国传统文化中的吉祥果。世界上有 30 多个国家商业化种植石榴，印度、伊朗、中国、土耳其和美国是石榴主要生产国。按照气候、地理、生态条件划分，中国石榴分主要产区为陕西关中产区、河南产区、山东枣庄产区、皖北产区、四川攀西产区、滇北产区、滇南产区、新疆产区，主栽优良石榴品种有泰山红石榴、青皮软籽石榴、临潼大红袍石榴、临潼净皮甜石榴、临潼三白甜石榴、御石榴、大青皮甜石榴、峄县软籽石榴。

◆ **形态特征**

石榴为落叶灌木或小乔木，其枝干的分枝比较多，小枝多呈圆形，顶端光滑无毛，刺状；枝干一般向左方扭曲旋转生长，高 2～7 米；叶的质厚为全缘，表面有光泽，从生或对生，长 2～8 厘米，有长倒卵形也有椭圆状披针形，宽 1～2 厘米，有短叶柄，尖端较尖，背面中脉凸出，有短柄。石榴花两性，属于完全花，自花结实率相对较低，生长在新枝尖端和旁边的叶腋中，子房下位，花萼呈钟形，石榴花萼厚质，萼上端多为 5～7 裂，裂片外面有乳头状突起。花瓣倒卵形，互生，与萼片数相等，花期一般为 6～7 月。果实为浆果，有黄褐、黄白、鲜红等多种颜色，果皮较厚，一般 9～10 月成熟。果皮内一般

石榴

有 6 个子房室，各室内均有众多籽粒，呈黄色、粉红、鲜红等，并由薄膜将各室分开。籽粒的食用部分含大量汁液，即外种皮为肉质层，汁液的风味有甜、酸甜、甜微酸、特酸等数种。

◆ **生长习性**

石榴为温带和亚热带果树，喜温暖、阳光充沛且通风良好的环境，有一定耐旱、耐寒、耐贫瘠和耐盐碱的能力；在海拔 300 ～ 1000 米的大部分山地、平原、丘陵、沙滩区域均可种植，其对土壤的要求不太高，在略带黏性、富含石灰质的土壤生长良好，而沙壤土或壤土最佳。在春季气温上升至 10℃左右时，石榴树开始生长，之后随着随温度逐渐升高而萌芽、抽枝和展叶，当日平均气温达 25℃左右时最适合授粉，盛夏气温达 25 ～ 35℃时生长最为繁盛，秋季气温在 26 ～ 18℃时适宜果实生长和种子的发育，而较大的昼夜温差能使得石榴籽粒中积累更多的糖分和营养成分，当日平均气温低于 11℃时开始落叶，之后进入休眠期。

◆ **栽培管理**

石榴树易栽植成活，石榴苗木的繁育方法主要有实生、扦插、嫁接、压条和分株等。①实生育苗。一般是在 8 ～ 9 月采种后晾干贮藏，待次年春季 2 ～ 3 月播种，播种前将种子浸泡在 40℃的温水中 6 ～ 8 小时，待种皮膨胀后再播。种子按 25 厘米的行距播种，覆 1 ～ 1.5 厘米厚的土，覆草后浇 1 次透水。一般 1 个月左右可发出新芽。苗高 4 厘米后 6 ～ 9 厘米的株距进行间苗，落叶后至次年春天芽萌动前可进行移植。②扦插繁殖。宜选用生长健壮、灰白色的 1 ～ 2 年生的枝条作为插条，插条粗度 0.5 ～ 1 厘米为宜，插条基部的刺应多些。只要温度适宜，扦插一年四季均可进行，一般认为秋插比春插好。扦插后注意水肥管理，及时防虫治病。③嫁接繁殖。多在生长期进行，一般采用枝接法。

◆ 价值

石榴有丰富的营养，全身是宝。石榴除有食用价值外，它的根皮、果皮、叶、花、果实皆可入药，性味温、甘、酸、涩而无毒、生津止渴、治咽燥口渴、收敛止泻、驱虫杀菌、久痢、虫积。含有多种鞣质和生物碱，可预防和治疗很多疾病。如石榴汁可以使胆固醇含量下降，能够软化血管、帮助消化、抗胃溃疡。石榴果汁和叶子中的提取物能抗氧化，有调节血脂平衡的作用。大量研究证明，石榴还有延缓衰老，预防心脏病，美容护肤等功效。

柿

柿是柿科柿属植物的栽培种，属暖温带落叶果树。柿在中国分布于辽宁、河北、河南、山东、安徽、江苏、浙江、福建、广东、江西、湖南、湖北、山西、陕西、甘肃等年均温 10℃ 等温线以南的地方，年均温 20℃ 以上地方因不能满足柿休眠期对低温的要求而不宜栽培。柿是晚秋佳果，古人称其"色胜金衣美，甘逾玉液清"。柿是一种物美价廉的大众水果。

◆ 栽培历史

柿起源于东亚的暖温带，由野生柿驯化而成，中国西安栽培最早。山东省临朐县山旺镇曾发现 250 万年前的野柿叶化石。浙江省余姚市田螺山和浦江县的上山遗址曾发现柿核，证明在 8000 年前野柿已为人类采食。据记载先秦礼制的《礼记·内则》所记，柿为人君日常食品之一。汉司马相如的《上林赋》中已有柿栽培的记载，当时零星种植于庭院之中。《晋宫阁名》中有"华林园柿六十七株，晖章殿前柿一株"的记载。约成书于北魏末年的《齐民要术》中记载："柿，有小者栽之；无者，取枝于软枣根上插之，如插梨法。"这明确记述了野生变栽培的开始。由于掌握了柿树嫁接技术，生产也有了一定规模。《梁书·地理志》记载了当时柿的发展情况："永泰元年，（沈瑀）为建德令，教民一丁种十五株桑、四株柿及梨栗，女丁半之，人咸欢悦，顷之成林。"

　　唐、宋以来人们对柿有了新的认识，《酉阳杂俎》称"柿有七绝"。孟诜、陈藏器等医学家又证明柿有很高的药用价值。人们在实践中还筛选出一些良种，掌握了脱涩、贮藏及柿饼加工技术，柿树由此得到发展，栽植数量相当可观，往往一个地方栽植有成千上万株。例如，韩愈诗中有"友生招我佛寺行，正值万株红叶满"；马永卿的《嬾真子》记有"仆仕于关陕，行村落间，常见柿连数里"，这些文字都反映了当时柿树种植的规模。元末明初自然灾害频发，人们对柿果和柿饼可以代粮充饥有了深刻的认识，正如《荒政要览》和《农政全书》等文献所记"三月秧黑枣，备接柿树，上户秧五畦，中户秧二畦。凡陡地内，各密栽成行。柿成做饼，以佐民食"，"今三晋泽沁之间多柿，细民乾之以当粮也，中州、齐、鲁亦然"，由此形成黄河中下游为中国柿的主产地的格局，柿被誉为"木本粮食""铁杆庄稼"。

中国改革开放后计划经济转变为市场经济，以市场为导向，柿树栽培由原来的自给性生产转向商品性生产，由传统的小农生产向现代产业化迈进。

◆ **种质资源**

中国报道的柿约有 60 个种或变种，能见到活体标本的不足 50 种，与栽培柿关系密切的有君迁子、粉叶柿、德阳柿、油柿、金枣柿和美洲柿等。中国栽培柿由于自然杂交和芽变，有广泛而连续的分离，形成数量众多的种质资源。经千百年选留，据各地资源调查统计，有名称的品种有 1000 个左右，以大小、颜色、熟期、形态、来源为依据命名，以区别当地品种。因各地命名依据不同，存在许多同物异名现象。设在杨凌（西北农林科技大学内）的国家柿种质资源圃正在甄别同物异名和同名异物的品种。该圃从全世界引入完全涩柿、不完全涩柿、不完全甜柿、日本原产完全甜柿和中国原产完全甜柿 5 个类型的栽培柿品种和近缘种，已保存 800 个基因型，涵盖 90% 以上柿的遗传多样性。种质创新方面仍依赖杂交育种，生物工程方法还处在实验阶段。

◆ **形态特征**

柿为落叶乔木，高可达 14 米。老树干皮矩形鳞片状开裂，灰黑色；枝深棕色渐至灰白色，具纵向皮孔，嫩枝有柔毛，后渐脱落。单叶互生；叶柄有柔毛；叶片椭圆形至倒卵形，长 6～18 厘米，先端或有尖头，基部阔楔形，全缘，革质，上面深绿色，主脉疏生柔毛，下面淡绿色，有短柔毛和腺状毛，沿叶脉密生淡褐色绒毛。花杂性，雄花成小聚伞花序，雌花单生叶腋；花黄白色，花萼下部短筒状，4 裂，内面有毛；

花冠钟形，4裂；雄蕊在雄花中16枚，在两性花中8～16枚；雌花有
8枚退化雄蕊；子房上位，多8室，少数12室，花柱自基部向上不同
程度分离。浆果扁圆、球形或卵圆，横径3.5～9厘米，橙黄色或橙红色，
基部有柿蒂（即宿存萼片）。花期5月，果期9～11月。

　　柿与其他果树的不同之处有：柿树长寿，尚存千年古树；柿果含
有单宁，且有单宁细胞；有自枯现象，自身能调节营养；有单性结实

柿的果实

柿的种子

能力，可不配授粉树；宿存萼随果增大成柿蒂。

◆ 繁殖与栽培

柿主要采用嫁接繁殖，砧木多为君迁子，也有用粉叶柿、德阳柿和野柿的。砧木实生繁殖成苗后，采用嵌芽接、劈接和切接方法繁殖。柿树抗旱耐寒，适应性强，对地形、土质选择不严。中国北方多在 3～4 月萌芽期嫁接，广东、广西、福建因气温高，可在新年与春节之间嫁接，其他季节亦可按实情少量嫁接。组织培养有报道获得成功，但由于技术和成本问题，仍未见生产上应用。柿传统生产模式采取零星栽植，只种不管，放任生长；20 世纪 70 年代以来，采用成园栽培和集约化、基地化生产模式。在适栽区选用优良甜柿品种，采取低冠密植、整形修剪、土肥水管理、病虫防治、贮运加工等现代化技术，达到产优、增值的目的。

◆ 价值

柿的营养丰富、风味独特，具有食用价值、药理作用、美化环境等价值与用途。

食用价值

果中富含水分、蛋白质、脂肪、碳水化合物、粗纤维、灰分，以及人体不可缺少的钙、磷、铁等矿物质；并含多种维生素，如维生素 A、维生素 B_1、维生素 B_2、维生素 C、维生素 PP；此外，还含有 9 种氨基酸。柿是中国传统特色果品，甘甜多汁，除供鲜食外还可加工成柿饼、柿脯、柿酒、柿醋、柿涩汁、柿汁、柿酱、柿蜜、果冻等食品，深加工成柿霜糖、柿软糖、柿羊羹、柿糕、果丹皮等，或制成糕点、风味小吃和菜肴佐食。

但食用不当或过量也会引起副作用，如柿饼中含有高浓度的糖，过量食用引起消化不良；未脱涩的果实中含有大量可溶性单宁，空腹多吃易得胃结石。

柿及其加工品和根、树皮、叶、果、柿蒂都含有齐墩果酸、熊果酸、没食子酸、黄酮类化合物，以及三萜类、萘醌类、香豆素等多种药用成分，为历代医学家应用。现代医学也证明其具有较高的抗氧化、抗肿瘤、保护心血管和治疗免疫缺陷等多种药理作用。

柿树根深叶茂、绿树浓荫，夏可避暑纳凉，入秋碧叶丹果，鲜丽悦目，晚秋红叶可与枫叶媲美，霜后似红灯笼般挂满枝头，分外美观，是一种优良的观赏树种。柿树林是天然氧吧，它是能充分利用土地，提高地面覆盖率，改善气候，改善人们居住的生态环境，维持自然界生态平衡的优良树种。

柿树是长寿树种，百年以上古树容易见到，有些地方甚至可见到几百年或上千年的古树，是开发生态旅游的宝贵资源，也是传承文化的重要依据。柿木坚硬、结实，而且与"事、世"谐音，因此古代以柿蒂纹的图案装饰日用器物，以示其坚固耐用。

◆ **新业态**

柿富含单宁，以柿单宁作原料进行柿新技术开发，已在洗浴用品和化妆品工业中生产出许多新产品；此外，柿单宁在放射性同位素的无害化处理和循环应用，电子垃圾中的贵重金属选择性吸附和高效回收，以及生活或工业废水中有害重金属离子去除等领域也有广阔的应用前景。

中国涩柿过多，品种良莠不齐，商品性差，存在产能过剩的趋势。生产优质甜柿和优质柿饼可作为特色产品，尚有发展空间。但需要提高鲜柿的品质和延长货架期，优质柿饼要解决食品安全卫生问题。为此，必须实行标准化生产，达到商品一致性。

桑 葚

桑葚是桑科桑属落叶乔木或灌木，又称桑椹。

桑葚原产于中国中部和北部，中国东北至西南地区、西北地区直至新疆均有栽培。朝鲜、日本、蒙古、俄罗斯、印度、越南等国及欧洲等地亦有栽培。中国收集保存的桑树种质分属 15 个桑种 3 个变种，是世界上桑种最多的国家。其中栽培种有鲁桑、白桑、广东桑、瑞穗桑，野生种有长穗桑、长果桑、黑桑、华桑、细齿桑、蒙桑、山桑、川桑、唐鬼桑、滇桑、鸡桑，变种有鬼桑（蒙桑的变种）、大叶桑（白桑的变种）、垂枝桑（白桑的变种）等。

◆ 形态特征

桑葚高 3～10 米或更高，胸径可达 50 厘米。树皮厚，灰色，具不规则浅纵裂。冬芽红褐色，卵形，芽鳞覆瓦状排列，灰褐色，有细毛。小枝有细毛。叶卵形或广卵形，长 5～15 厘米，宽 5～12 厘米，先端急尖、渐尖或圆钝，基部圆形至浅心形，边缘锯齿粗钝，有时叶为各种分裂，表面鲜绿色，无毛，背面沿脉有疏毛，脉腋有簇毛。叶柄长 1.5～5.5 厘米，具柔毛。托叶披针形，早落，外面密被细硬毛。花单性，腋生或生于芽鳞腋内，与叶同时生出。雄花序下垂，长 2～3.5

厘米，密被白色柔毛；雄花花被片宽椭圆形，淡绿色，花丝在芽时内折，花药2室，球形至肾形，纵裂。雌花序长1～2厘米，被毛，总花梗长5～10毫米被柔毛；雌花无梗，花被片倒卵形，顶端圆钝，外面和边缘被毛，两侧紧抱子房；无花柱，柱头2裂，内面有乳头状突起。聚花果卵状椭圆形，长1～2.5厘米，成熟时红色或暗紫色。花期4～5月，果期5～8月。

桑葚

◆ 栽培管理

桑葚树耐旱、不耐涝、耐瘠薄，对土壤的适应性强，用种子、嫁接和压条均可繁殖。修剪可用拳式修剪法，每年在基部伐条，利用潜伏芽萌生新条，几年后在修伐处成拳状的树疙瘩。另有无拳式修剪法、留枝留芽修剪法等。

病害有桑萎缩病、桑疫病、桑褐斑病、桑根结线虫病等。害虫有桑螟、桑蟥、桑象虫、桑白蚧、桑天牛、桑蓟马、桑始叶螨等。

◆ 价值

桑葚是一种营养丰富、健康的食品原料，桑葚饼干、桑葚茶、桑葚汁、桑葚酒等桑葚加工食品深受消费者喜爱，市场前景较好。桑葚叶为桑蚕饲料，木材可制器具，枝条可编箩筐，桑皮可作造纸原料，果实可供食用、酿酒，叶、果、根和皮可入药。

本书编著者名单

编著者 （按姓氏笔画排列）

马　凯	王力荣	王仁梓	王跃进
叶春海	冯建灿	吕德国	刘成明
刘威生	孙光明	孙建设	李建国
李振茹	何业华	余雪标	张开春
张运涛	张绍铃	陈业渊	陈杰忠
陈清西	林顺权	金志强	周常勇
郑少泉	胡桂兵	段长青	秦永华
徐昌杰	高爱平	郭文武	郭起荣
董文轩	韩明玉	曾黎辉	谢江辉
翟　衡			